Maschinensystematik und Konstruktionsmethodik

Springer-Verlag Berlin Heidelberg GmbH

Uwe Claussen, Wolf G. Rodenacker

Maschinensystematik und Konstruktionsmethodik

Grundlagen und Entwicklung
moderner Methoden

Mit 338 Abbildungen

 Springer

Professor Dr.-Ing. Uwe Claussen
Universität der Bundeswehr München
Institut für Konstruktionstechnik
D - 85577 Neubiberg

Professor Dr.-Ing. Wolf G. Rodenacker †

Die Verwendung von Firmen-, Produkt- und Eigennamen berechtigt nicht zu der Annahme, daß diese frei verwendet werden dürften.

Bilder zu den entsprechenden Kapiteln wurden entnommen aus Werken von Franz Reuleaux [88, 89], Rudolf Franke [29, 30] und Wolf G. Rodenacker [104].

Die Deutsche Bibliothek - CIP-Einheitsaufnahme
Claussen, Uwe: Maschinensystematik und Konstruktionsmethodik : Grundlagen und Entwicklung moderner Methoden / Uwe Claussen ; Wolf G. Rodenacker. - Berlin; Heidelberg; New York; Barcelona; Budapest; Hongkong; London; Mailand; Paris; Santa Clara; Singapur; Tokio: Springer, 1998
ISBN 978-3-642-63727-8   ISBN 978-3-642-58782-5 (eBook)
DOI 10.1007/978-3-642-58782-5

Dieses Werk ist urheberrechtlich geschützt. Die dadurch begründeten Rechte, insbesondere die der Übersetzung, des Nachdrucks, des Vortrags, der Entnahme von Abbildungen und Tabellen, der Funksendung, der Mikroverfilmung oder der Vervielfältigung auf anderen Wegen und der Speicherung in Datenverarbeitungsanlagen, bleiben, auch bei nur auszugsweiser Verwertung, vorbehalten. Eine Vervielfältigung dieses Werkes oder von Teilen dieses Werkes ist auch im Einzelfall nur in den Grenzen der gesetzlichen Bestimmungen des Urheberrechtsgesetzes der Bundesrepublik Deutschland vom 9. September 1965 in der jeweils geltenden Fassung zulässig. Sie ist grundsätzlich vergütungspflichtig. Zuwiderhandlungen unterliegen den Strafbestimmungen des Urheberrechtsgesetzes.

© Springer-Verlag Berlin Heidelberg 1998
Ursprünglich erschienen bei Springer-Verlag Berlin Heidelberg New York 1998
Softcover reprint of the hardcover 1st edition 1998

Die Wiedergabe von Gebrauchsnamen, Handelsnamen, Warenbezeichnungen usw. in diesem Werk berechtigt auch ohne besondere Kennzeichnung nicht zu der Annahme, daß solche Namen im Sinne der Warenzeichen- und Markenschutz-Gesetzgebung als frei zu betrachten wären und daher von jedermann benutzt werden dürften.

Sollte in diesem Werk direkt oder indirekt auf Gesetze, Vorschriften oder Richtlinien (z.B. DIN, VDI, VDE) Bezug genommen oder aus ihnen zitiert worden sein, so kann der Verlag keine Gewähr für Richtigkeit, Vollständigkeit oder Aktualität übernehmen. Es empfiehlt sich, gegebenenfalls für die eigenen Arbeiten die vollständigen Vorschriften oder Richtlinien in der jeweils gültigen Fassung hinzuzuziehen.

Satz: Satzerstellung durch Autor
Einband: Struve & Partner, Heidelberg
SPIN: 10660446   62/3020 - 5 4 3 2 1 0 - Gedruckt auf säurefreiem Papier

Inhaltsverzeichnis

Einführung	1
TEIL 1: Reuleaux, Franke, Rodenacker	5
Franz Reuleaux	7
Maschinenbau im Zeitalter der Dampfmaschine	7
Die Getriebesystematik	8
Anwendung der Getriebesystematik zum Entwurf von Maschinen	14
Konstruktionslehre	16
Rudolf Franke	19
Fortführung der Reuleaux'schen Getriebe- und Konstruktionslehre	19
Baustoffe und Kräfte	19
Gelenke	19
Ketten	23
Getriebe und Kreise	24
Freiheitsgrade, Bewegungs- und Schlußarten	24
Der Stammbaum der Getriebe	24
Probleme und Grenzen	29
Morphologie der Getriebe	31
Wolf G. Rodenacker	35
Physik und Konstruktion	35
Der Arbeitsschritt Funktion	37
Der Arbeitsschritt Physik	41
Der Arbeitsschritt Konstruktion	45

Inhaltsverzeichnis

TEIL 2: Neuer Weg zum Lösen von Konstruktionsaufgaben — 49

1 Einleitung — 51
1.1 Ansätze zum methodischen Lösen von Konstruktionsaufgaben — 51
1.2 Eingrenzung des Bereiches der Untersuchung — 53
1.3 Durchdenken der Lösungsmöglichkeiten einer technischen Aufgabe — 53
1.4 Wahl der Methode — 54

2 Funktion der zur Anwendung gelangenden Mittel — 57
2.1 Grundfunktionen — 57
2.2 Erfüllung der Grundfunktionen durch die Anordnung — 58
2.3 Erfüllung der Grundfunktionen durch physikalische Effekte — 61

3 Physikalische Effekte — 65
3.1 Statische Effekte — 65
3.2 Dynamische Effekte — 66
3.3 Spezielle Effekte — 68
3.4 Verwendung zu den Grundfunktionen — 71

4 Energiesysteme — 75
4.1 Energiesysteme der Ruhe — 75
   4.1.1 Ruhelagen in ruhenden Systemen — 75
   4.1.2 Bewegungen in ruhenden Systemen — 79
4.2 Energiesysteme in dynamischen Feldern — 80
   4.2.1 Ruhelagen in dynamischen Feldern — 80
   4.2.2 Bewegungen in dynamischen Feldern — 82

5 Anordnungsmöglichkeiten der Elemente — 85
5.1 Leitungskreise — 85
5.2 Schaltertypen — 88
5.3 Kopplungsanordnung — 89

6 Die Ausbildung der technischen Mittel — 93
6.1 Die Elemente und ihre Mehrfachkombination — 94
   6.1.1 Leitungen — 94
   6.1.2 Schalter und Mehrfachschalter — 98
   6.1.3 Kopplungen und Mehrfachkopplungen — 103

6.1.4 Doppelfunktionen ... 109
6.1.5 Selbsttätige Sperrungen und Kopplungen ... 109
6.2 Kombinationen von Schaltern und Kopplungen ... 111
  6.2.1 Geschaltete Kopplungen ... 112
  6.2.2 Gekoppelte Schalter ... 114
  6.2.3 Selbststeuernde Schalter ... 115
6.3 Kombinationen von Schaltern, Kopplungen und Energiesystemen ... 116
  6.3.1 Angetriebene ruhende Systeme ... 118
  6.3.2 Selbststeuernde ruhende Systeme ... 120
  6.3.3 Angetriebene bewegte Systeme ... 121
  6.3.4 Selbststeuernde bewegte Systeme ... 123
6.4 Allgemeine Kombinationen ... 125
  6.4.1 Das Relais von Kieback & Peter ... 126
  6.4.2 Fernschreibmaschine ... 127
  6.4.3 Askania-Stromwaage ... 128
  6.4.4 Fallbügelregler ... 129
  6.4.5 IG-Pumpen für Gasmeßgeräte ... 130

7 Auswahl der technischen Mittel für einen vorgegebenen Zweck ... 131

7.1 Verknüpfung von Zweck und Mittel ... 131
  7.1.1 Speicher ... 131
  7.1.2 Umwandlung von Bewegungsform und Energieart ... 132
  7.1.3 Energie der Bewegung ... 132
  7.1.4 Bewegungsformen ... 133
  7.1.5 Bewegungsübertragung ... 133
  7.1.6 Anpassung an den Verbrauch ... 134
  7.1.7 Manipulationen ... 135
  7.1.8 Bewegungswahl ... 137
  7.1.9 Arbeitsleistung ... 137
7.2 Wahl nach den speziellen Eigenschaften der Mittel ... 138

8 Gebrauch der ausgebildeten Mittel ... 141

9 Einfügung des Systems in die allgemeine Konstruktionslehre ... 149

10 Zusammenfassung ... 153

TEIL 3: Arbeitsregeln eines erfahrenen Konstrukteurs – Suchfragen zum methodischen Konstruieren   155

Regeln für ein methodisches Konstruieren, Gesamtübersicht   157

1 Arbeitsschritt Forderung – Klärung und Präzisierung der Aufgabenstellung   159
    Übersicht   159
    Vorgehensweise   159
    Hilfsmittel   160

2 Arbeitsschritt Funktion – Aufteilung der Aufgabe in Teilaufgaben   163
    Übersicht   163
    Vorgehensweise   163
    Hilfsmittel   164

3 Arbeitsschritt Physik – Suche nach Teillösungen zu den Teilaufgaben   169
    Übersicht   169
    Vorgehensweise   169
    Hilfsmittel   171

4 Arbeitsschritt Konstruktion – Ausarbeiten der Lösung   179
    4.1 Festlegen der Wirkfläche   179
        Übersicht   179
        Vorgehensweise   179
        Hilfsmittel   180
    4.2 Festlegen der Wirkbewegung   183
        Übersicht   183
        Vorgehensweise   183
        Hilfsmittel   184

Literatur   187

Sachverzeichnis   193

Einführung

Der Geheime Regierungs-Rath und Gründungsrektor der TH Charlottenburg Professor Dr. Franz Reuleaux, ein vor hundert Jahren hochangesehener Mann, machte sich herzlich unbeliebt, als er offen die Frage nach Deutschland als Industriestandort ansprach. Das Zeichen „Made in Germany", das uns von der überlegenen englischen Konkurrenz aufgezwungen worden war, dürfe nicht auf Dauer für das „billig und schlecht" eines Schwellenlandes stehen, sondern müsse zu einem Markenzeichen für qualitativ hochwertige, innovative Produkte stehen, müsse dem bewunderten englischen Vorbild nacheifern, ja es eines Tages vielleicht sogar übertreffen. Diese Forderungen wurden von den mehr oder weniger fachkundigen Kritikern des Franz Reuleaux zunächst als unrealistisch und absurd abqualifiziert.

Es gibt in den heute leider fast vergessenen Werken von Franz Reuleaux, seinen Vorgängern und Zeitgenossen [37, 82–84, 86–91, 133, 134] durchaus auch Hinweise darauf, wie man zu innovativen Produkten kommen kann: Reuleaux entwickelt so etwas wie ein periodisches System der Maschinen, in dem der Konstrukteur operieren kann, wie etwa der Chemiker in Mendelejevs periodischem System der chemischen Elemente [72]. Reuleaux entwickelte auch eine symbolische Schreibweise für die Elemente einer Maschine und ihre Zusammensetzungen, und seine Nachfolger [21, 22, 24, 39, 56, 60, 61] entwickelten und verwendeten einfache Rechenverfahren, mit denen man qualitativ neuartige, gelegentlich wohl auch patentfähige Lösungen sozusagen vorherberechnen kann.

Vor Jahren behauptete ich, das könne man auch heute noch. Kurt Hain sprach mich nach dem Vortrag an (als „Herr Kollege", was mich sehr ehrte), und widersprach freundlich meiner Behauptung. Wir wetteten und niemand freute sich mehr als der große Kurt Hain, daß er diese Wette verlor.

So entstand der Gedanke, die Werke von Franz Reuleaux in Deutschland wieder mehr zu propagieren, um den Anschluß an die „klassische" Konstruktionslehre [82–84, 86–91] wiederzufinden. Das wird im ersten Teil dieses Buches unternommen.

Leider berücksichtigt die Systematik von Reuleaux, seiner Zeit entsprechend, fast nur mechanische Maschinen. Rudolf Franke, Professor in Braunschweig, Hannover und Berlin für Fernmeldetechnik, Schalt- und Getriebelehre, erweiterte die Systematik um die Bereiche der elektrischen und der hydraulischen Energie [29,

30]. Mit großem Arbeitseinsatz konnte er zeigen, daß diese Erweiterung möglich ist. Er mußte aber auch feststellen, daß die mechanischen Formulierungen, auf elektrische Maschinen angewendet oder umgekehrt doch recht umständlich und mißverständlich werden können. Franke mußte damit rechnen, daß man sein „periodisches System" gar nicht mehr in allen Punkten vollständig ausformulieren könnte, so daß der Anwender befürchten mußte, daß gerade die Lösungselemente, die er für seine neuartige Aufgabe brauchte, dort nicht zuverlässig enthalten wären. Das schreckte natürlich die Praktiker davor ab, sich in dieses System hineinzufinden. Franke selbst hat dieses Problem schon erkannt und hat gezeigt, wie man mit einer Reihe von bewährten Variationsregeln von bekannten zu neuartigen Elementen und Lösungen kommen kann, wie man bei Bedarf gewissermaßen die weißen Flecken in seinem System finden und füllen kann, wie das etwa Felix Wankel getan hat [121].

Wolf G. Rodenacker, Schüler und Doktorand von Rudolf Franke, arbeitete weiter mit und an dem System von Rudolf Franke [29, 30]. Aber nicht nur im theoretischen Sinn, wo er das System auf alle Energiearten erweiterte, sondern vor allem im praktischen Sinn; in den 30 Jahren seines Berufslebens als Konstrukteur versuchte er immer wieder, die Systematik nach Franke als Hilfsmittel für die Erarbeitung neuer Konstruktionen einzusetzen. Daß es ihm tatsächlich gelang, die Frankesche Theorie sozusagen vom Kopf auf die Füße zu stellen, zeigen seine 30 Erfindungen, alle patentiert, alle technisch und wirtschaftlich erfolgreich.

Rodenacker stellte bei der praktischen Erprobung der Frankeschen Systematik fest, daß es hier gar nicht auf die Vollständigkeit der Systematik ankäme, die man vielleicht niemals erreichen könnte, sondern daß es vielmehr darauf ankäme, diese Systematik praktisch anzuwenden, mit ihr erfolgreich zu operieren. Das nannte Rodenacker die Methodik des Konstruierens. Darunter verstand er eine Abfolge von einzelnen Arbeitsschritten, die aber nicht in erster Linie organisatorisch durch die zufällige Arbeitsteilung in einem Unternehmen bestimmt wären, sondern eng mit der Systematik zusammenhingen und sich daraus ableiten ließen:

Jede Maschine, jedes Maschinenteil läßt sich betrachten und beschreiben unter verschiedenen Aspekten, die verschiedenen Abstraktionsstufen entsprechen: Das konkrete Bauteil, wie es in der Technischen Zeichnung beschrieben ist; die physikalischen Gesetze und Effekte, für die es bestimmt ist; die Funktion oder der Zweck, den diese physikalischen Gesetze verwirklichen sollen; und schließlich als abstrakteste Stufe die Forderung, die Aufgabe, die von der Maschine zu erfüllen ist.

Auf jeder dieser Abstraktionsstufen muß es eine Systematik der verschiedenen Lösungsmöglichkeiten oder Realisierungsmöglichkeiten geben und Variationsregeln, um innerhalb der Systematik operieren zu können. Methodik bedeutet in erster und schwierigster Linie den Übergang von einer zur anderen Abstraktionsebene. Wenn man von der Betrachtung einer konkreten Maschine ausgehend immer weiter abstrahiert bis zu ihrer abstrakten Aufgabenstellung, spricht man von Analyse. Wenn man von der abstrakten Aufgabenstellung einer Maschine ausgehend immer weiter konkretisiert bis zur fertigen Maschinenzeichnung, spricht man von Synthese (griechisch) oder von Konstruktion (lateinisch) oder auf deutsch von Entwicklung oder Erfindung.

Rodenackers wesentliche Erkenntnis: Man braucht also Systematiken auf den verschiedenen Abstraktionsebenen und man braucht Regeln, wie man von einer Ebene zur nächsten kommt. Dieses Ineinander und Miteinander von Systematik und Methodik hat Rodenacker schon um 1960 in einem ausführlichen Werk dargelegt, das leider bis heute nicht veröffentlicht wurde, aber das wird im zweiten Teil dieses Buches endlich nachgeholt.

Rodenacker wurde am Ende seiner Berufslaufbahn als Konstrukteur zum ersten deutschen Professor für Konstruktionstechnik berufen. Er leitete eine Fülle von Veröffentlichungen verschiedener Verfasser über Konstruktionsmethodik ein, in denen die Methodik des Konstruierens immer detaillierter dargestellt und die systematischen Hilfsmittel, die heute sogenannten Lösungssammlungen oder Konstruktionskataloge, immer ausführlicher dargestellt wurden [20, 23, 28, 43, 56, 109, 126, 135]. Es stellte sich jedoch heraus, daß eine vollständige Methodik für den Konstrukteur oder seinen Computerknecht außerordentlich umfangreich zu formulieren und zu erlernen wäre, und daß der Konstrukteur oder sein CAD-Programm immer befürchten müßten, daß gerade das Lösungselement, das er speziell braucht, noch nicht gefunden und deshalb in einer noch so umfangreichen Lösungssammlung nicht enthalten ist.

Rodenacker selbst hat nicht behauptet oder erwartet, daß seine Methodik absolut vollständig sei und durch eine Künstliche Intelligenz automatisch abgespult werden könnte. Seine Methodik ist ein Grundgerüst von Regeln; sie ist nicht mehr, als sich mit erträglichem Aufwand beschreiben und erlernen läßt. Zwischen diesen Regeln, zur Ausfüllung des Grundgerüstes, braucht man aber ganz wesentlich die Kreativität des erfahrenen Konstrukteurs, die sich leider nicht ohne weiteres beschreiben und begründen läßt. Wenn ein Konstrukteur einmal versucht, seine Erfahrungen anschaulich zu machen, muß er immer die Kritik fürchten, daß seine Erfahrungen nicht deduktiv abgeleitet und philosophisch begründet seien. Das hat leider dazu geführt, daß erfahrene Konstrukteure gerade ihre besten Erfahrungen überhaupt nicht weitergegeben haben, oder nur aphoristisch, oder nur den Teil der Erfahrungen, der sich explizit und allgemeingültig beschreiben läßt [8–10, 34, 54, 55, 62, 68, 130].

Rodenacker hat einmal angeregt, seine Vorstellung vom Zusammenwirken von Systematik, Methodik und Erfahrung in einer Art Formelsammlung zusammenzustellen. Diese bildet den dritten Teil des Buches. Es handelt sich hier vor allem um die verschiedensten praktisch bewährten Variationsregeln zur Weiterentwicklung bewährter Konstruktionen und zur Ausarbeitung neuartiger Lösungsideen. Diese Rezeptsammlung ist nicht vollständig, für den Konstrukteur aber hoffentlich ein brauchbarer Kompromiß und eine Empfehlung, sie für seinen speziellen Aufgabenbereich zu spezifizieren und zu ergänzen: Wenn es z.B. vielleicht gar nicht möglich ist, alle denkbaren physikalischen Effekte systematisch zusammenzustellen, so ist es doch viel eher etwa für einen Konstrukteur von Textilmaschinen möglich, alle physikalischen Effekte zur Handhabung von Fasern und Fäden zusammenzustellen und vielleicht auch quantitativ zu beschreiben.

Zur formalen Seite dieses Buches bleibt zu berichten: Den ersten Teil habe ich auf Anregung von Kurt Hain, Rudolf Beyer, Wolf G. Rodenacker geschrieben. Der zweite Teil beruht auf einem kompletten Entwurf von Rodenacker, den ich glücklicherweise rekonstruieren konnte; geändert habe ich hier nicht, nur offensichtliche Schreib-, Hinweis- und Literaturfehler korrigiert. Den dritten Teil der Arbeit habe ich auf Anregung und in Diskussion mit Rodenacker verfaßt. Das vorliegende Buch sollte von uns gemeinsam veröffentlicht werden, das wurde durch Rodenakkers Emeritierung, durch widrige Umstände, schließlich durch seinen Tod verhindert. Angesichts der kurzen Zeit, die auch ich nur noch im Amt bin, möchte ich das Buch nun endlich hinausgehen lassen.

Unterhaching, im Herbst 1997   Uwe Claussen

TEIL 1:
Reuleaux, Franke, Rodenacker

Franz Reuleaux

Maschinenbau im Zeitalter der Dampfmaschine

Vor etwa hundert Jahren, zu Lebzeiten von Franz Reuleaux, gab es noch keine Lehre von den Maschinenelementen oder eine Konstruktionslehre im modernen Sinne.

Man lernte damals das Konstruieren durch „Abkupfern" oder aus dicken Schmökern, in denen die verschiedenartigsten Maschinen gesammelt waren, mehr oder weniger künstlerisch dargestellt und poetisch beschrieben. Bild 1 zeigt das Gerüst zum Umlegen und Aufrichten des Vatikanischen Obelisken. Bild 2 bringt die Darstellung einer ostasiatischen Reisschälmühle und Bild 3 schließlich ein Wechselgetriebe aus Reuleaux's Lehrbuch [88, 89].

Bild 1 Gerüst zum Umlegen und Aufrichten des Vatikanischen Obelisken (Reuleaux)

Bild 2 Reisschälmühle (Reuleaux) **Bild 3** Wechselgetriebe (Reuleaux)

Die Getriebesystematik

Franz Reuleaux versuchte als einer der ersten, in die Vielfalt der Maschinen eine gewisse Ordnung zu bringen. Da sich diese Ordnung vor allem auf mechanische Geräte und Maschinen, auf Mechanismen, bezieht, spielt sie auch heute noch in der Getriebesystematik eine Rolle.

In Bild 4 werden die wichtigsten Begriffe und Definitionen aus der Reuleaux'schen Getriebe- und Konstruktionssystematik zusammengestellt und an Beispielen erläutert.

Auf der linken Seite des Bildes wird ein Verbrennungsmotor nach den Begriffen von Reuleaux untersucht und analysiert. Der Motor ist ganz unten im Bild schematisch dargestellt. Die wesentlichen Glieder des Kurbeltriebes sind Kurbelwelle, Pleuelstange, Kolben und Gehäuse, mit dem Zylinder und Kurbelwellenlager fest verbunden sind.

Diese Maschinenteile oder Glieder sind durch Gelenke miteinander verbunden; beim Kurbeltrieb des Verbrennungsmotors finden wir drei Drehgelenke und ein Schubgelenk (Schiebegelenk).

Wenn man diese vier Glieder und vier Gelenke schematisch aufzeichnet, erhält man den Schubkurbel-Mechanismus zur Umwandlung von hin- und hergehender Bewegung in Drehbewegung. Wenn man in dem Schubkurbelmechanismus das Schubgelenk durch ein Drehgelenk ersetzt, kommt man auf den einfachen Mechanismus des viergliedrigen Gelenkgetriebes. Wenn man diesen Mechanismus sozusagen von seiner Unterlage ablöst, erhält man eine geschlossene Kette. Wenn man alle Gelenke öffnet, erhält man die Kettenglieder. Zwischen der Anzahl n der Kettenglieder und der Anzahl g der Drehgelenke und dem Getriebefreiheitsgrad F besteht die Beziehung $F = 3n - 2g - 3$. Wenn man im Beispiel für die Gliederzahl $n = 4$ und für die Gelenkzahl $g = 4$ einsetzt, erhält man als Getriebefreiheitsgrad F des Schubkurbelmechanismus $F = 1$.

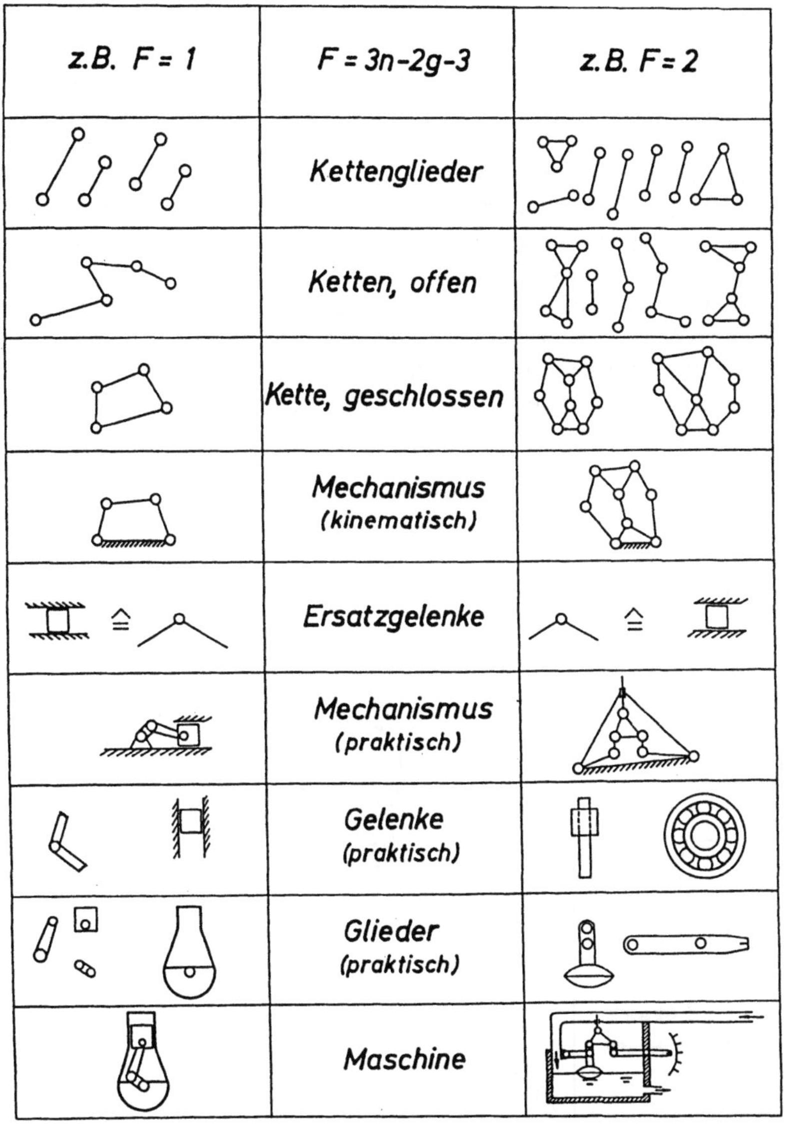

z.B. $F = 1$	$F = 3n-2g-3$	z.B. $F = 2$
	Kettenglieder	
	Ketten, offen	
	Kette, geschlossen	
	Mechanismus (kinematisch)	
	Ersatzgelenke	
	Mechanismus (praktisch)	
	Gelenke (praktisch)	
	Glieder (praktisch)	
	Maschine	

Bild 4 Die Getriebesystematik nach Reuleaux und Grübler als Hilfsmittel des Konstrukteurs

Am Beispiel des Kurbeltriebes wurden die wichtigsten Begriffe und Definitionen aus der Getriebe- und Konstruktionssystematik von Reuleaux erläutert. In den nächsten Bildern soll nun gezeigt werden, was man sich unter diesen Begriffen im einzelnen vorzustellen hat.

Es gibt nach Reuleaux drei verschiede Arten von Elementen oder Gliedern, aus denen sich alle Maschinen zusammensetzen: Starre Elemente, z.B. Schrauben oder Stahlprofile, die Zug und Druck übertragen können; Zugelemente, z.B. Drahtseile oder Ketten, die nur Zug übertragen können und Druckelemente, z.B. Öl oder Luft, die nur Druck übertragen können.

Diese verschiedenen Elemente oder Glieder einer Maschine müssen in ganz bestimmter Art und Weise aufeinander einwirken, um den Zweck der Maschine zu erfüllen. Die Stellen, an denen ein Glied auf ein anderes einwirkt, nennt Reuleaux „Paarung" oder „Gelenk". Aus den drei verschiedenen Arten von Elementen lassen sich sechs verschiedene Arten von Paarungen bilden (Bild 5).

Erstes Element \ Zweites Element	Starres Element	Zug-Element	Druck-Element
Druck-Element			
Zug-Element			
Starres Element			

Bild 5 Gelenke (Elementen-Paare)

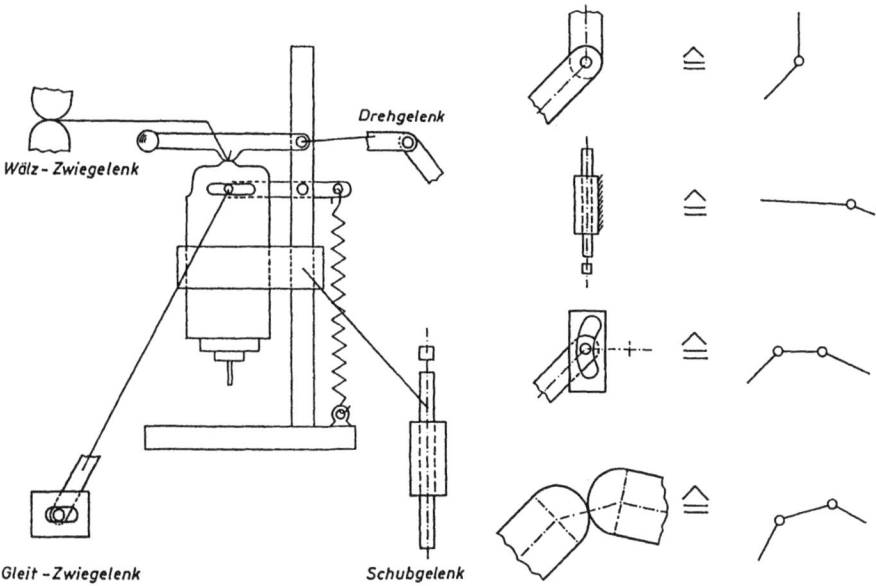

Bild 6 Ebene Gelenke

Bild 7 Ebene Gelenke und Ersatzgelenke

Aus diesen drei Elementen und sechs Elementenpaaren bestehen nach Reuleaux alle Maschinen. Bild 6 bringt die vier Paarungen von festen Gliedern, die eine ebene Bewegung ausführen können, nämlich das Drehgelenk, das Schubgelenk, das Wälzgelenk und das Gleitgelenk. Mehr als diese vier Gelenkarten kommen in den meisten Konstruktionen nicht vor.

Das Beispiel, an dem die vier Gelenkarten gezeigt werden, ist das Schemabild einer einfachen Handbohrmaschine, das nicht viel mehr zeigt, als den Hauptmechanismus des Gerätes.

Die weitere Untersuchung dieses Mechanismus wird wesentlich vereinfacht, wenn man alle Gelenke durch Drehgelenke ersetzt, und zwar derart, daß die Beweglichkeit des Mechanismus im wesentlichen erhalten bleibt (Bild 7): Ein Schubgelenk läßt eine Bewegung nur in einer Richtung zu oder hat, anders ausgedrückt, den Freiheitsgrad 1. Man ersetzt es durch ein einfaches Drehgelenk, das ebenfalls den Freiheitsgrad 1 hat. Ein Gleitgelenk läßt zwei voneinander unabhängige Bewegungen zu, nämlich ein Gleiten des Gleitsteines längs der Kulisse und – unabhängig davon – eine Drehung um den Gleitstein. Ein Gleitgelenk hat also den Freiheitsgrad 2 und wird durch zwei Drehgelenke ersetzt, ebenso ein Wälzgelenk.

Wenn man nach diesen Regeln die Gelenke in der Bohrmaschine austauscht, und die einzelnen bewegten Teile der Maschine geometrisch so einfach wie möglich darstellt, erhält man den Mechanismus in Bild 8 unten rechts: Das festgehaltene Dreieck (Dreibinder, Dreigelenkglied, ternäres Glied) ist das Maschinengestell,

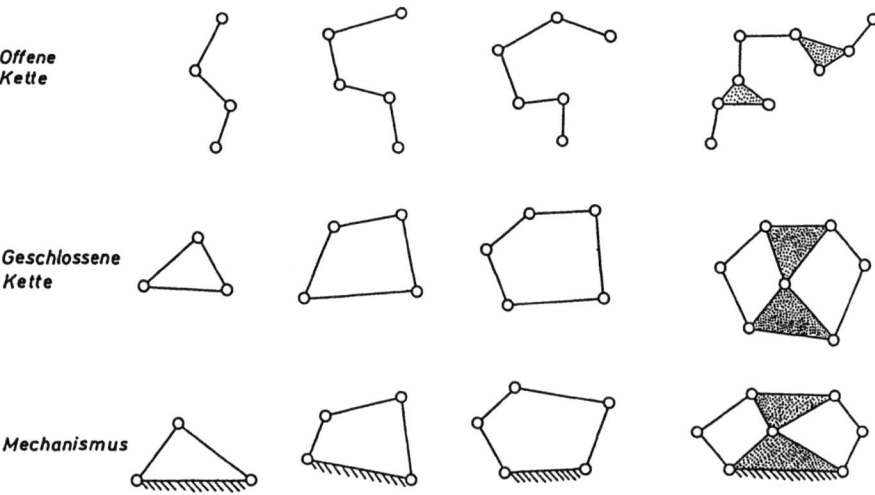

Bild 8 Kette und Mechanismus

das andere Dreieck die Maschine selbst, rechts und links davon sieht man, was aus dem Wälzgelenk bzw. dem Gleitgelenk geworden ist.

Neben diesem sechsgliedrigen Mechanismus sind in der untersten Zeile noch ein fünfgliedriger, ein viergliedriger und ein dreigliedriger Mechanismus gezeigt.

Einen Mechanismus, bei dem nicht entschieden ist, welches Glied festgehalten wird, welches Glied also das sogenannte Standglied oder Gestell ist, nennt man eine Kette. Man unterscheidet offene und geschlossene Ketten (Bild 8 oben bzw. Mitte).

Die geschlossenen Ketten kann man einteilen in zwanglose, zwangläufige und übermäßig geschlossene Ketten. Diese Einteilung erfolgt nach dem Freiheitsgrad der Ketten. Eine zwangläufige Kette, z.B. die sechsgliedrige Kette in Bild 8, kann man nur an einem Glied beliebig bewegen, sie hat also den Freiheitsgrad 1. Die meisten einfachen Maschinen lassen sich auf zwangläufige Ketten mit dem Freiheitsgrad 1 zurückführen. Eine zwanglose Kette kann man an mehr als einem Glied gleichzeitig antreiben, sie hat einen Freiheitsgrad, der größer als 1 ist. Zwanglose Ketten liegen z.B. den Differentialgetrieben, Überlagerungs- und Addiergetrieben zugrunde. Eine übermäßig geschlossene Kette läßt sich überhaupt nicht bewegen. Auf übermäßig geschlossene Ketten lassen sich alle Fachwerke (statisch bestimmte und statisch überbestimmte) sowie der größte Teil der Maschinenelemente zurückführen.

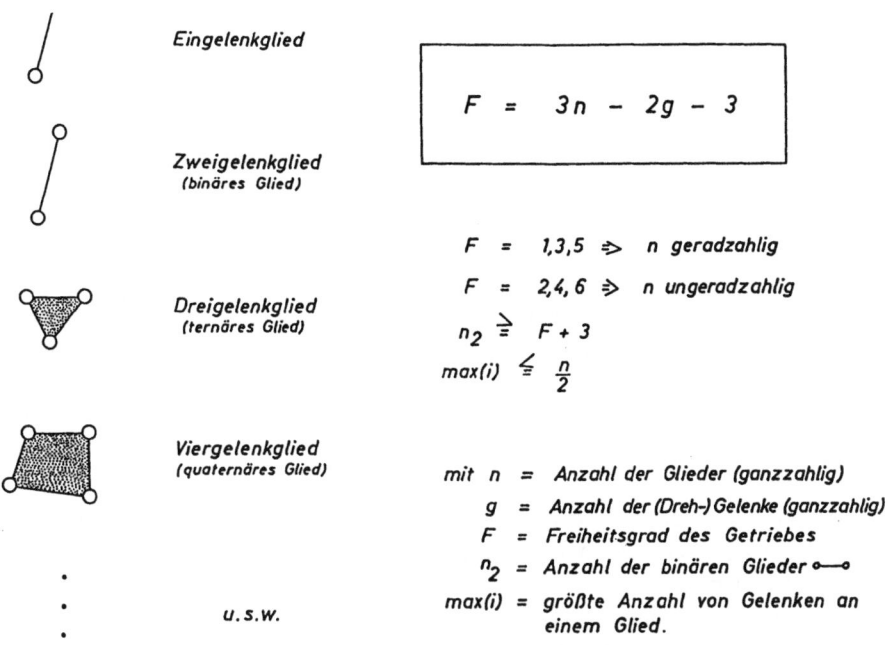

Bild 9 Kettenglieder   **Bild 10** Formeln zur Getriebesystematik

Wenn man in einer geschlossenen Kette ein Gelenk öffnet, erhält man eine offene Kette, wenn man alle Gelenke öffnet, erhält man die Kettenglieder (Bild 9). Nach der Anzahl der Gelenke an einem Glied unterscheidet man Eingelenkglieder, Zweigelenkglieder, Dreigelenkglieder usw.

Diese Getriebeglieder haben mit den ursprünglichen Maschinenbauteilen nicht mehr viel gemeinsam. Sie haben aber den Vorteil, daß man mit ihnen rechnen kann. Bild 10 bringt eine Zusammenstellung von Formeln der Getriebesystematik nach Reuleaux und Grübler [39, 88, 89].

Aus der ersten Formel entnimmt man, daß der Freiheitsgrad F eines Getriebes ungerade ist, wenn das Getriebe eine gerade Anzahl von Gliedern hat und umgekehrt. Aus der nächsten Formel entnimmt man, daß die Anzahl der binären Glieder in einem Getriebe mindestens um die Zahl 3 größer ist, als der Getriebefreiheitsgrad. Aus der letzten Formel entnimmt man, daß in einem Getriebe mit n Gliedern nur Getriebeglieder mit höchstens n/2 Gelenken vorkommen dürfen.

Soweit die – etwas abstrakte – Erläuterung der Definitionen und Begriffe, aus denen die Reuleaux'sche Getriebelehre aufgebaut ist.

Anwendung der Getriebesystematik zum Entwurf von Maschinen

Nun ein Beispiel für die Anwendung dieser Systematik: Der Entwurf eines Antriebes für einen Querschneider (Bild 11). In einem sogenannten Querschneider wird ein laufendes Band von Papier, Pappe oder Blech während des Durchlaufens zwischen zwei Messerwalzen quer zur Laufrichtung in Stücke geschnitten. Die beiden Walzen tragen je ein Messer an ihrem Umfang. Es wird also bei jeder Walzenumdrehung ein Schnitt durchgeführt.

Damit man bei vorgegebener Vorschubgeschwindigkeit des Schnittgutes Stücke von beliebig wählbarer Länge abschneiden kann, muß man einmal die mittlere Drehzahl der Walzen so einstellen können, daß sich die gewünschte Schnittlänge ergibt und muß zum zweiten die Ungleichförmigkeit der Walzendrehung so einstellen können, daß der Schnitt immer mit derselben Geschwindigkeit erfolgt, wie der Vorschub des Bandes.

Der zu entwerfende Mechanismus muß also zwei voneinander unabhängige Antriebsbewegungen aufnehmen können oder mit anderen Worten den Freiheitsgrad $F = 2$ haben.

Aus der Formelsammlung (Bild 10) entnimmt man, daß die Anzahl der binären Glieder n_2 größer oder gleich $F+3 = 2+3 = 5$ sein muß und daß die Anzahl der Glieder des gesuchten Mechanismus ungeradzahlig sein muß. Die einfachste Lösung der gestellten Aufgabe ist also ein fünfgliedriger Mechanismus, weitere mögliche Lösungen haben 7, 9 usw. Glieder.

Die einfachste Lösung, ein fünfgliedriger Mechanismus ist bekannt, hat aber ungünstige dynamische Eigenschaften. Es wird deshalb eine nächstkompliziertere Lösung gewählt mit sieben Gliedern, 2 ternären und 5 binären, die in Bild 11, zweite Zeile von oben skizziert sind. In der Zeile darunter sind sie zu verschieden offenen Ketten zusammengehängt und darunter sind aus den Ketten zwei verschiedene geschlossene Ketten gebildet. Davon wählt man eine aus. In dieser Kette bestimmt man eines der Glieder – am besten ein ternäres Glied – zum Gestell oder Standglied und erhält so den (kinematischen) Mechanismus.

Als nächstes kann man einige oder alle Drehgelenke in diesem Mechanismus durch Schubgelenke, Wälzgelenke oder Gleitgelenke ersetzen. Dadurch kann man sehr viele Getriebe erhalten, die alle den gewünschten Freiheitsgrad 2 haben. Von diesen Getrieben wählt man dasjenige aus, das sich für den gewünschten Massenausgleich eignet und den größten Verstellbereich für die Ungleichförmigkeit der Abtriebsbewegung erwarten läßt und damit den größten Einstellbereich für verschieden Blattlängen, die der Querschneider produzieren kann.

Anschließend müssen einzelne Gelenke praktisch gestaltet werden. Für ein Drehgelenk ist ein Kugellager skizziert, für ein Gleitgelenk eine Kombination von Nut und Rolle.

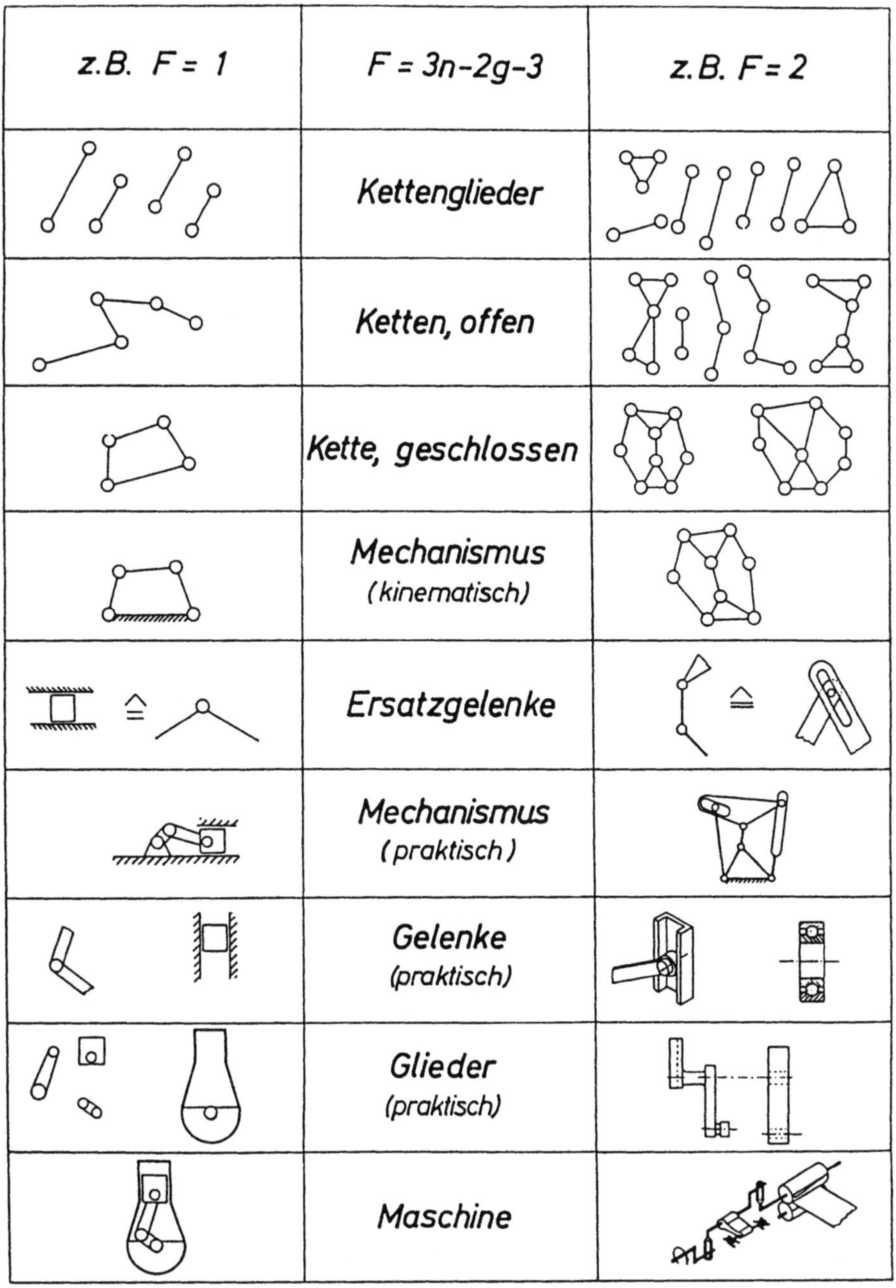

z.B. $F = 1$	$F = 3n - 2g - 3$	z.B. $F = 2$
	Kettenglieder	
	Ketten, offen	
	Kette, geschlossen	
	Mechanismus (kinematisch)	
	Ersatzgelenke	
	Mechanismus (praktisch)	
	Gelenke (praktisch)	
	Glieder (praktisch)	
	Maschine	

Bild 11 Getriebeanalyse und Getriebesynthese nach Reuleaux und Grübler

Als nächstes ist skizziert, wie einzelne Getriebeglieder praktisch ausgebildet werden können: Der bewegte Dreibinder z.B. als kräftiger Wellenstummel, der an beiden Enden versetzt Kurbeln trägt, von denen eine mit einer Rolle und die andere mit einer Nut versehen ist. Das Verstellglied z.B. ist als Schwinge mit zwei Bohrungen ausgebildet.

Nachdem nun geklärt ist, wie der Mechanismus praktisch aussehen soll und wie die einzelnen Gelenke und Glieder ausgebildet werden sollen, kann die gesamte Maschine entworfen werden. In der letzten Zeile ist die Skizze der Maschine aus der Patentschrift angegeben.

Bei diesem Beispiel wurde lediglich vorausgesetzt, daß der gewünschte Getriebefreiheitsgrad sich aus der konstruktiven Aufgabenstellung ermitteln läßt. Immer, wenn das der Fall ist, kann man, wie im Beispiel, durch Umkehrung des Weges der Analyse sämtliche möglichen Prinziplösungen der Konstruktionsaufgabe ableiten.

Bei vielen Konstruktionsaufgaben ist dieser Aufwand nicht erforderlich. Das ist etwa der Fall, wenn der Konstrukteur zu einer bestimmten Aufgabe eine Lösung kennt und aus irgendwelchen Gründen, sei es patentrechtlicher, sei es kostenmäßiger Art, andere Lösungen sucht, die denselben Zweck erfüllen.

In diesen Fällen wird sich der Konstrukteur die bekannte Lösung vornehmen und einige Schritte der Analyse durchführen, wie es für den Kolbenmotor vorgeführt wurde. Nach jedem Schritt der Analyse kann er umkehren und denselben Weg zurückgehen, wobei er durch andere Entscheidungen bei den einzelnen Schritten auch zu anderen Lösungen kommt. Wenn ihn diese Lösungen noch nicht befriedigen, kann er das Verfahren weiter fortsetzen und dadurch zu immer neuen Lösungen kommen.

Konstruktionslehre

Mit Hilfe der hier vorgetragenen Getriebesystematik von Reuleaux gelingt es zu einer gewissen Art von Konstruktionsaufgaben sämtliche möglichen Prinziplösungen aufzufinden. Die Methode gestattet keine Aussage darüber, ob die einzelne Lösung nun billig oder teuer, vernünftig oder unvernünftig ist; man kann für jede Lösung nur die Aussage machen, daß die Lösung den gewünschten Getriebefreiheitsgrad hat. Aber das ist schon viel, und inzwischen konnte die Methode noch um weitere getriebetechnische Kriterien erweitert werden [24, 60, 61].

Reuleaux hat die Getriebelehre, den Maschinenbau seiner Zeit, wissenschaftlich formuliert, und zwar im Sinne einer modernen, analytischen und logischen Wissenschaft. Er hat zunächst die Maschinen, die es zu seiner Zeit gab, betrachtet und beschrieben. Dann hat er untersucht, aus welchen kleinsten Teilen oder Elementen alle diese Maschinen bestehen. Schließlich hat er die Gesetze abgeleitet, nach denen diese Elemente zu Maschinen zusammengesetzt sind. Aus diesen Gesetzen kann man neue Maschinen ableiten und damit gleichzeitig die Gültigkeit der Gesetze kontrollieren.

In Bild 11 ist der Weg von einer konkreten Maschine zu dem abstrakten Gesetz und umgekehrt modellmäßig skizziert. Die Maschinenanalyse ist in dieser Darstellung der Weg von „unten" nach „oben". Dieser Weg kann meist nicht in einem Schritt zurückgelegt werden, sondern nur in kleinen Stufen. Jede Stufe aufwärts führt – bildlich gesprochen – zu einer etwas abstrakteren Ebene. Die Wörter in der Mitte des Bildes, Maschine, Glieder, Gelenke usw. sollen den Inhalt der einzelnen Ebenen kennzeichnen.

Reuleaux hat nicht behauptet, daß gerade dieses Stufenschema das einzig richtige für die Maschinenanalyse ist, er hat gewußt, daß hier verschiedene Wege nach Rom führen können. Reuleaux hat sich, statt zu beweisen, daß sein Weg der einzig richtige sei, damit beschäftigt diesen Weg gangbar zu machen.

Das heißt, er hat gezeigt wie man die einzelnen Stufen aufwärts und abwärts von einer Ebene zur benachbarten geht und er hat die Begriffe, die die einzelnen Ebenen charakterisieren, formuliert und die Vielfalt der Erscheinungen auf den einzelnen Ebenen beschrieben.

Damit hat er erreicht, daß man den Weg der schrittweisen Abstraktion, den Weg von der konkreten Maschine zum abstrakten Gesetz, nun tatsächlich umkehren kann: In vielen Fällen kann man mit der Getriebelehre von Reuleaux alle prinzipiell möglichen Maschinen ableiten, die einen bestimmten Zweck erfüllen.

In Bild 11 ist der Weg von „oben" nach „unten", z.B. der Weg von der abstrakten Forderung „Freiheitsgrad 2" zu allen Bauformen von Querschneidern. Diese Maschinensynthese ist die Umkehrung der Maschinenanalyse; die Analyse ist eine schrittweise Abstraktion, die Synthese eine schrittweise Konkretisierung.

Die Hauptfrage, die man an eine Konstruktionslehre stellen muß, ist die: führt die Lehre zu praktischen Ergebnissen, führt die Lehre zu besseren praktischen Ergebnissen, als man durch Zufall oder durch Analogieschlüsse ohnehin findet? Diese Hauptanforderung ist durch die Getriebelehre von Reuleaux erfüllt.

Die Getriebelehre von Reuleaux entspricht in ihrer Form den Anforderungen, die man an eine moderne Konstruktionsmethodik stellt. In ihrem Inhalt ist die Reuleaux'sche Kinematik veraltet: Welcher Ingenieur interessiert sich heute für die Aufrichtung eines Obelisken mit Menschenkraft oder für Wechselgetriebe mit Transmissionsriemen.

Während Reuleaux an seiner Kinematik schrieb, wurden in Deutschland Dampfschiffe gebaut, große Eisenbahnlinien wurden in Betrieb genommen, das Telefon erfunden, Telegrafenlinien von England nach Indien und Telefonkabel von Europa nach Amerika gelegt, das dynamoelektrische Prinzip entdeckt, der Drehstrommotor erfunden, die Elektroindustrie begann ihren Aufschwung.

In der Kinematik von Reuleaux steht von all diesen Entwicklungen fast nichts. Die Kinematik ist eine Konstruktionslehre nur für mechanische Getriebe, aber eine logisch abgeleitete und praktisch anwendbare Konstruktionslehre.

Rudolf Franke

Fortführung der Reuleaux'schen Getriebe- und Konstruktionslehre

Die Arbeiten von Franz Reuleaux wurden in gewissem Sinn fortgesetzt von Rudolf Franke, der aus der Reuleaux'schen Getriebelehre eine allgemein gültige Konstruktionslehre machen wollte [29, 30].

Franke mußte also versuchen, den Inhalt der Reuleaux'schen Lehre zu erweitern und zu verallgemeinern. An der bewährten Form änderte er zunächst nichts, sondern verwendete Reuleaux's Begriffe wie Gelenk, Kette oder Getriebe weiterhin und versuchte, diesen Begriffen neben der bekannten mechanischen Bedeutung auch eine hydraulische und elektrische Bedeutung, man möchte fast sagen eine allgemein physikalische Bedeutung zu geben.

Die Bilder 12a und 12b geben eine Übersicht über die wichtigsten Begriffe der Franke'schen Getriebelehre. Wie man sieht, ist diese Aufstellung im Gegensatz zu der entsprechenden Liste bei Reuleaux sehr umfangreich und vielseitig.

Baustoffe und Kräfte

Bei Reuleaux ist nur von drei Bauelementen die Rede, aus denen sich alle Getriebe zusammensetzen: aus festen Elementen, Zugelementen und Druckelementen. Franke führt zusätzlich die Unterscheidung zwischen „festen" und „lockeren" Baustoffen ein. Neben diesen körperlichen Bauelementen der Getriebe sind nach Franke aber auch Kräfte und Kraftfelder und die verschiedenen Energiearten als Baustoffe der Getriebe aufzufassen.

Gelenke

Ein Gelenk ist nach Reuleaux ein Elementenpaar. Da es drei Grundelemente gibt, kann man sechs wesentlich voneinander verschiedene Gelenke unterscheiden.

Nach Franke sind auf der Ebene der Elementenpaarungen zu unterscheiden: Die Kopplungen, die Sperrungen, die Schalter und die Gelenke. Statt des Begriffes

Bewegungs- und Schlußarten
Zwanglauf
Schlupflauf Reihenschlupf
          Zweigschlupf
Kraftschluß
Kreisschluß
Formschluß
Kraftschlupf
Kreisschlupf
(Formschlupf)

Ketten und Binder
Bauketten Einzelgelenk
            Zweigelenkkette
            Dreigelenkkette
            Viergelenkkette usw.
Widerstandsketten Kraftkette
                      Beschleunigungskette
                      Reibungskette
Zwei-, Drei-, Vierbinder usw.

Baustoffe.
Schubmittel
Zugmittel
Druckmittel
Feste Baustoffe
Lockere Baustoffe

Energiearten
Mechanisch Dreh-
              Schub-
              Fließ-
Elastisch Zug
         Druck
Schwerefeld
Strömung pneumatisch
          hydraulisch
Elektrisch galvanisch
           magnetisch
           kapazitiv
Thermisch

Getriebearten
Zwangläufige Getriebe
Schlupfläufige Getriebe
    Reihenschlupfgetriebe
    Zweigschlupfgetriebe
Schaltläufige Getriebe
    Gesteuerter Schaltlauf
    Selbsttätiger Schaltlauf
Ebene Getriebe
Sphärische Getriebe
Räumliche Getriebe
Zweiggetriebe
Reihengetriebe
Überbewegliche Getriebe
Unbewegliche Getriebe
Gelenkiges Vieleck
Ungelenkiges Vieleck
Übergelenkiges Vieleck

Variationen von Getrieben
Abwandlung von Gelenken
    Umformung der Gelenke
    Änderung der Zahl der Gelenke
Abwandlung der Getriebeglieder
    Zahl und Anordnung
    Ausmaße
    Stoffliche Beschaffenheit

Abwandlungsmöglichkeiten
Zapfenerweiterung
Gelenkschlußwechsel
Gelenkwechsel
Kopplungswechsel
Zwiegelenkswechsel
Lagenwechsel
Größenwechsel
Zahlenwechsel
Rastwechsel
Binderwechsel
Umgekehrte Wiederholung
Getriebewechsel

Bild 12a Variationsgesichtspunkte nach Franke, Teil 1

Kräfte, Kraftfelder u.ä.
Schwellkraft (Kraft und Speicherkraft)
Gegenkraft (Kraft und Gegenkraft)
Wendekraft (Wendung einer Kraft)
Schwell-, Gegen-, Wende-
    Kraft/Druck/Fluß/Strom/Feld/Kreis
Schwinglage/Schlaglage/Kipplage

Kopplungen
Lenker-, Wälz-, Gleit-Kopplung
Kraft-Kopplung
Reibungs-Kopplung
Beschleunigungs-Kopplung
Zwangläufige Kopplung
Schlupfläufige Kopplung
(Schaltläufige Kopplung)
Unmittelbare Kopplung
Mittelbare Kopplung
    Schubmittel-Kopplung
    Zahnrad-, Klemm-Kopplung
Zugmittelkopplung
    Seil-, Riemen-Kopplung
Druckmittelkopplung
    Flüssigkeitskopplung durch
        Reibungswiderstände
        Trägheitswiderstände
Elektrische Kopplung
    galvanische Kopplung
    induktive Kopplung
    kapazitive Kopplung

Kreise
Einfacher Leitungskreis (Einzelkreis)
Verzweigter Leitungskreis (Zweikreis)
Brückenkreis (Dreikreis)
Schwell-, Gegen-, Wendekreis
Offene Verzweigung
Geschlossene Verzweigung
Kreis-Verzweigung

Gelenke
Leitungen
Führungen
Lagerungen
Einfache Gelenke   Drehgelenke
                           Schubgelenke
Zwiegelenke   Gleitgelenke
                           Wälzgelenke
Sinngelenke   Kraftgelenke
                           Richtungsgelenke
Lenker-, Wälz-, Gleitführung

Sperrungen
Zahngesperre
Klemmgesperre
Seilklemme
Flüssigkeitsventile
Elektrische Ventile

Schalter
(Einfache) Schalter
Umschalter
Wendeschalter
Verbindungsschalter
    Einschalter / Ausschalter / Wähler

Steuerschalter
Leistungsschalter
Sperrschalter
Koppelschalter
Sperrumschalter
Koppelumschalter
Wendeschalter
Gleichstromschalter
Wechselstromschalter
Flüssigkeitsschalter
Elektrische Schalter
Magnetschalter
Drehbewegte Schalter
Schubbewegte Schalter

Bild 12b Variationsgesichtspunkte nach Franke, Teil 2

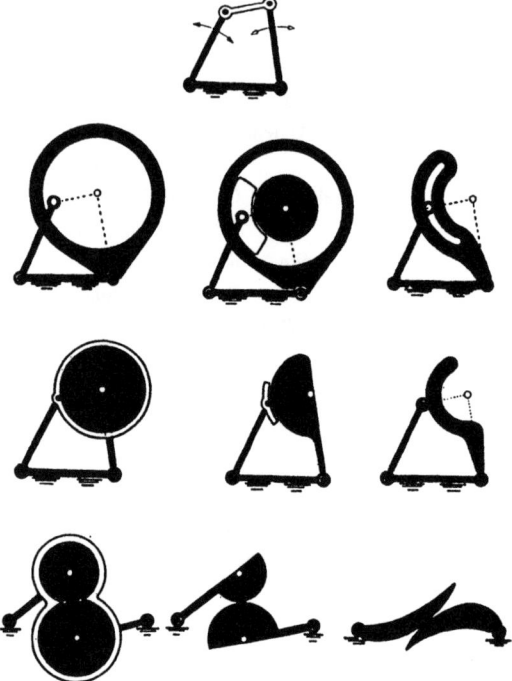

Bild 13 Variation der Gelenke (Franke)

„Gelenk" verwendet man auch die Begriffe „Leitung", „Führung" oder Lagerung.

Bei den Gelenken unterscheidet Franke einfache Gelenke, das sind Gelenke mit einem Freiheitsgrad und Zwiegelenke, die 2 Freiheitsgrade aufweisen. Daneben gibt es noch die sogenannten „Sinngelenke", bei denen ähnliche Wirkungen, wie sie durch eine Elementenpaarung hervorgebracht werden können, durch Kräfte oder Kraftfelder hervorgerufen werden.

Bei den Kopplungen ist der wichtigste Variationsgesichtspunkt die Einteilung in Lenkerkopplung, Wälzkopplung und Gleitkopplung. In Bild 13 wird gezeigt, wie aus einem Gelenkviereck mit der Methode der sogenannten „Zapfenerweiterung" die verschiedensten Arten der Kopplung einer Antriebsbewegung mit einer Abtriebsbewegung entwickelt werden können.

In der obersten Zeile des Bildes 13 ist die Lenkerkopplung gezeigt, wie sie beim einfachen Gelenkviereck auftritt, also die Kopplung zweier eben bewegter Getriebeglieder durch ein binäres Glied mit zwei Drehgelenken mit je dem Freiheitsgrad 1. In der zweiten Zeile ganz rechts ist die sogenannte Gleitkopplung dargestellt. Hier wird die Kopplung durch ein ebenes Gelenk mit zwei Freiheitsgraden und vorwiegend gleitender Relativbewegung realisiert. In der untersten Zeile ganz rechts schließlich die sogenannte Wälzkopplung, ein ebenes Gelenk mit zwei Freiheitsgraden und vorwiegend wälzender Bewegung.

Die Variation der Kopplung, wie sie in diesem Bild gezeigt wird, ist die Arbeitsregel, mit der Franke die meisten seiner praktischen Beispiele bearbeitet. Zu der hier gezeigten recht anschaulichen Einteilung der Kopplungen und Gelenke sagt Franke: „Daß zwischen Drehen, Gleiten und Wälzen Übergänge stattfinden, ist bei der ungeheuren Mannigfaltigkeit der Getriebe selbstverständlich. Trotzdem sieht man die angegebenen kennzeichnenden Unterschiede im allgemeinen klar hervortreten" [29, 30].

Ketten

Zu den von Reuleaux bekannten Ketten, den Zwei-, Drei- und Viergelenkketten, die Franke Bauketten nennt, führt Franke als neuen Begriff die sogenannten „Widerstandsketten" ein. Bild 14 bringt Beispiele für die Anwendung derartiger Widerstandsketten. Die Kräfte können sich herleiten aus einem elastischen Kraftfeld, einem Schwerefeld, einem elektrischen oder magnetischen Feld, einem Strömungs- oder Wärmefeld, sie können aus Reibungs- oder Beschleunigungsvorgängen entstehen.

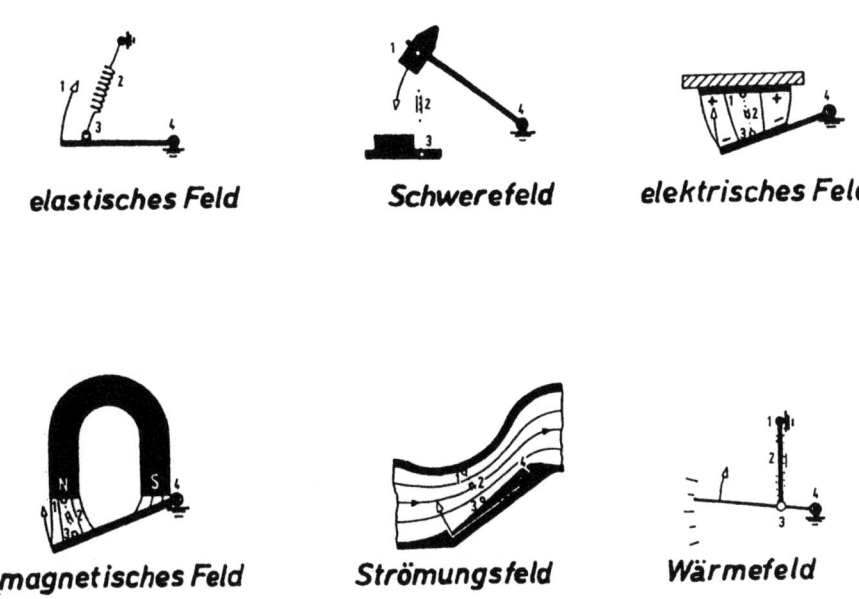

Bild 14 Getriebe mit Energiefeldern (Kraftfeldern) (Franke)

Die Ziffern 1–4, die in jedem Getriebe angegeben sind, bedeuten die Drehgelenke Nummer 1–4 eines Gelenkviereckes, aus dem man sich alle diese Beispiele entstanden denken kann: Wenn man in einem Gelenkviereck eine Dreigelenkkette entfernt, deren Gelenke 1, 2 und 3 heißen mögen und die Kette durch eine Kraft ersetzt, erhält man die skizzierten Getriebe; diese Getriebe haben mit dem Gelenkviereck gemeinsam, daß sich eine Abtriebsschwinge um ein Drehgelenk 4 bewegen kann.

Franke formuliert in seiner sogenannten Kettenregel der Getriebetechnik folgenden Satz: „Art und Zahl der Ketten sind in jedem Fall kennzeichnend für die allgemeinen Eigenschaften der Getriebe" [29, 30].

Getriebe und Kreise

Durch Kombination der verschiedenen Ketten und Gelenke erhält man die verschiedenen Getriebe. Wenn bei den Getriebe-Bauelementen die hydraulischen oder elektrischen Elemente oder die Schalter überwiegen, spricht man statt von Getrieben auch von Kreisen oder Schaltkreisen. Dazu formuliert Franke seine sogenannte Dritte Grundregel der Getriebetechnik wie folgt: „Getriebe, die in Bewegungsursachen und Wirkungen Ähnlichkeiten aufweisen, müssen auch ähnliche Zusammensetzung haben" [29, 30].

Freiheitsgrade, Bewegungs- und Schlußarten

Reuleaux unterschied die Bewegungsarten der Getriebe vor allem nach dem Freiheitsgrad. Franke führt auch hier einige neue, differenzierte Begriffe ein:

Neben dem Zwanglauf, der Bewegung mit dem Freiheitsgrad 1, gibt es bei Franke noch den Schlupflauf und den Schaltlauf. Neben den bekannten Begriffen „Formschluß" und „Kraftschluß" definiert Franke noch den „Kreisschluß". Analog zu den Begriffen Kraft-, Kreis- und Formschluß kann man die Begriffe Kraftschlupf, Kreisschlupf und Formschlupf bilden.

Damit wird es Franke möglich, wesentlich mehr verschiedene Bewegungsarten als Reuleaux mit Worten zu beschreiben; es ist ihm aber nicht mehr möglich, diese auch mathematisch zu formulieren.

Der Stammbaum der Getriebe

Franke hat seine Getriebelehre im Bild eines Baumes mit fünf Ästen zusammengefaßt (Bild 15). Aus Baustoffen und Kräften als der Wurzel des Baumes entwickeln sich Ketten und Getriebe, die den Stamm des Baumes bilden. Aus dem Stamm entwickeln sich die drei Hauptäste oder Hauptgetriebeklassen: Die zwangläufigen, die schlupfläufigen und die schaltläufigen Getriebe. Die beiden letzten Äste verzweigen sich noch weiter: die schlupfläufigen Getriebe in Getriebe mit

Der Stammbaum der Getriebe 25

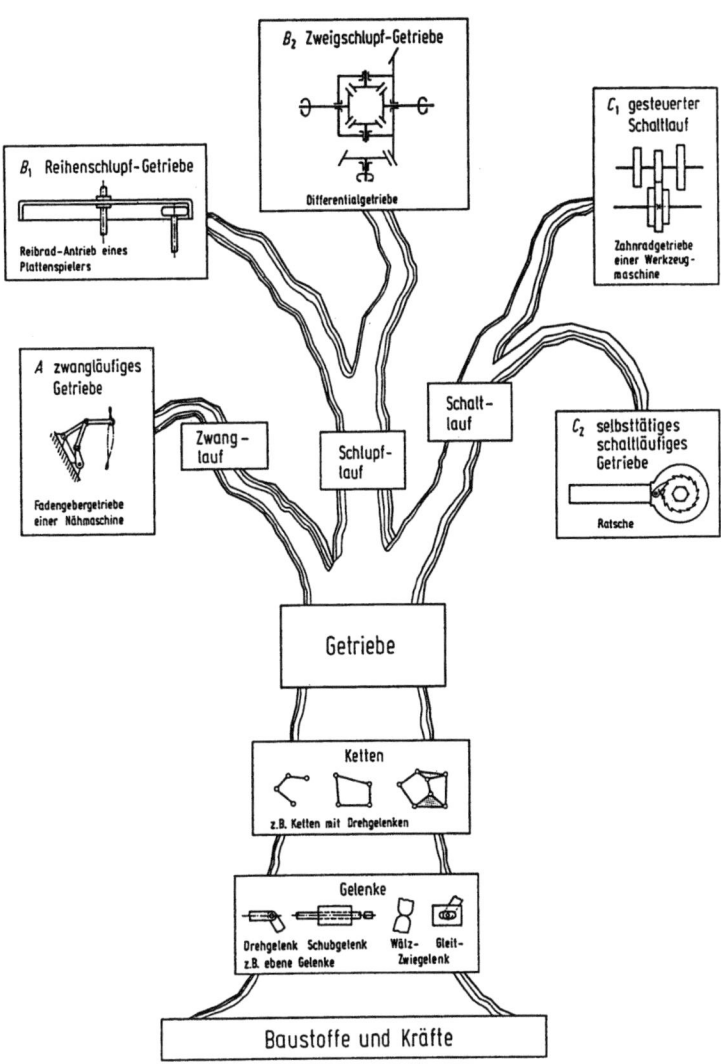

Bild 15 Stammbaum der Getriebe, mechanische Beispiele (Franke)

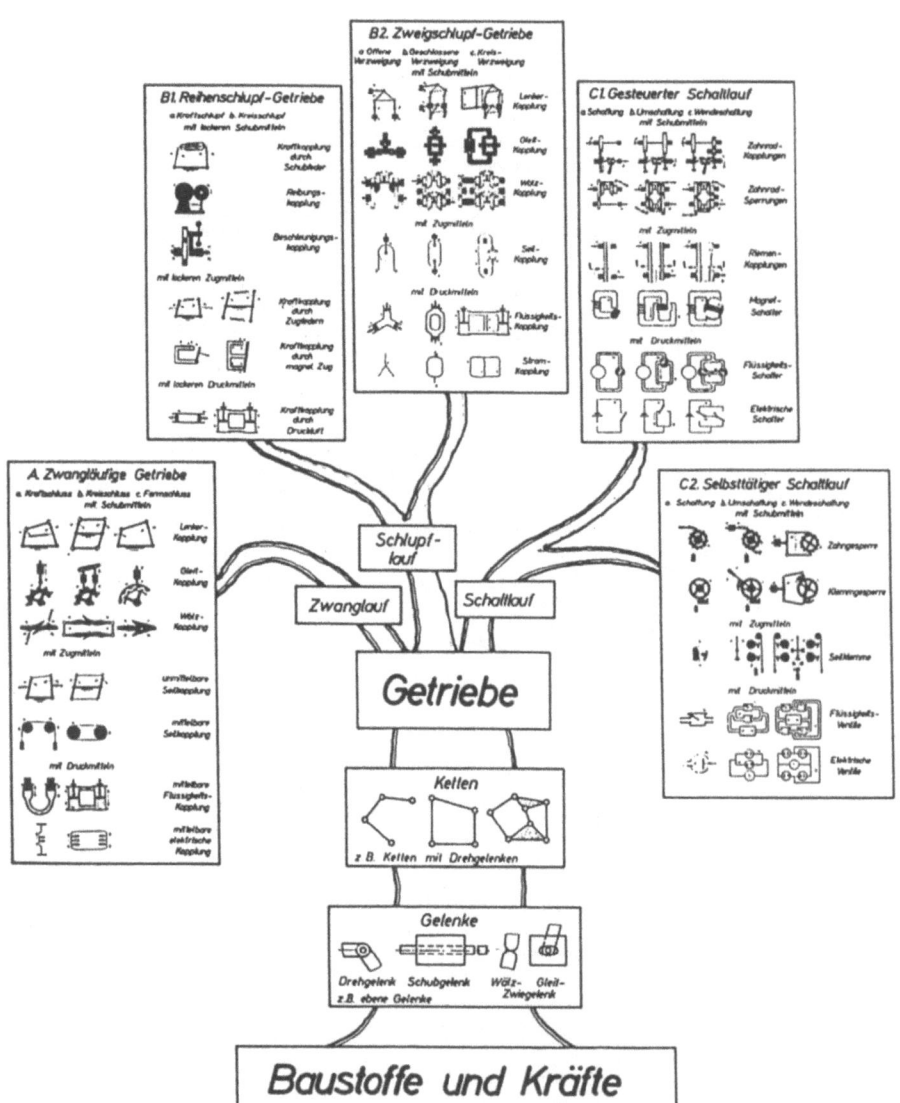

Bild 16 Stammbaum der Getriebe, vollständig (Franke)

Reihenschlupf und Zweigschlupf, die schaltläufigen Getriebe in selbsttätige und gesteuerte Getriebe.

Als Frucht der getriebetechnischen Systematik trägt jeder Zweig des Baumes das Beispiel eines einschlägigen Getriebes: Als zwangläufiges Getriebe das Fadengebergetriebe einer Nähmaschine, als Reihenschlupfgetriebe den Reibrad-Antrieb eines Plattenspielers, als Zweigschlupf-Getriebe das Differential eines Kraftwagens, als gesteuert schaltläufiges Getriebe das Zahnrad-Wechselgetriebe einer Werkzeugmaschine und schließlich als selbsttätig schaltläufiges Getriebe eine Ratsche zum Anziehen von Schrauben.

Im nächsten Bild 16 ist der Baum voller Früchte: Es sind, wenn man nachzählt, 43 verschiedenartige Getriebe, die dem Konstrukteur oder Getriebefreund hier sozusagen gebrauchsfertig in den Mund wachsen. Dieser Stammbaum der Getriebe gibt einen Überblick über die gesamte Getriebelehre von Franke.

Mit einiger Übertreibung kann man sagen, daß eine Konstruktionslehre so gut ist, wie ihre Anwendbarkeit. Bild 17 bringt ein Beispiel für die praktische Anwendung der Franke'schen Lehre. Die Aufgabenstellung lautet: Es soll eine Schiebebewegung umgewandelt werden in eine Drehbewegung und diese wieder in eine Schiebebewegung.

Man sieht, daß man die Lösung dieser Aufgabe durch Variation der Kopplung variieren kann. Im Bild gezeigt sind drei Lösungen, bei denen eine doppelte Lenkerkopplung, eine doppelte Gleitkopplung, eine doppelte Wälzkopplung gewählt ist. Da es mindestens 20 verschiedene Kopplungsarten gibt und die vorliegende Aufgabe zwei beliebig wählbare Kopplungen erfordert, kann man im ganzen mindestens 20 x 20 = 400 verschiedene Lösungen angeben, die die gestellten Forderungen erfüllen.

Franke löst eine Reihe anderer Aufgaben in ähnlicher Weise durch Variation der Kopplung, so etwa die Aufgabe, eine Drehbewegung in eine andere Drehbewegung umzuwandeln. Wenn man bei der letzten Aufgabe zusätzlich annimmt, daß die beiden Drehachsen versetzt oder windschief zueinander sind, er-

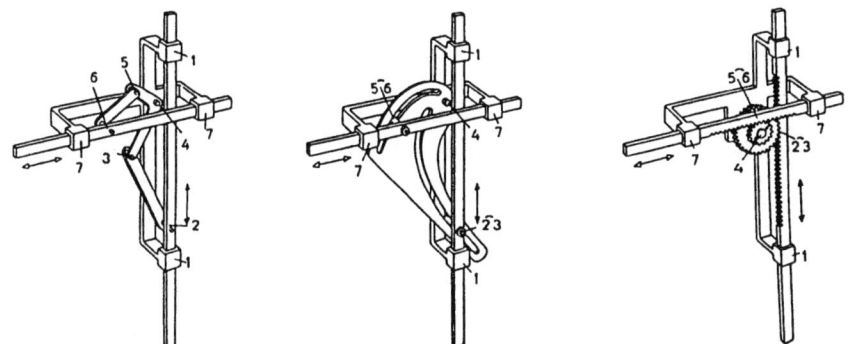

doppelte Lenkerkopplung   doppelte Gleitkopplung   doppelte Wälzkopplung

Bild 17 Umwandlung von Geradschub über Drehschub in Geradschub (Franke)

gibt sich auf diese Weise eine Systematik aller Wellenkupplungen. Bei Konstruktionsaufgaben, bei denen im wesentlichen die Umwandlung einer Bewegungsart in eine andere gefordert wird, ist die Variation der Kopplung eine Methode, die zu einer großen Mannigfaltigkeit von verschiedenen Lösungen führt.

In ähnlicher Weise kann man Gelenke an einem Getriebe auswechseln oder eine Variation der Ketten durchführen. Franke findet auf diese Weise z.B., daß es etwa 10.000 verschiedene Siebengelenkgetriebe oder gar 81.000 Dreizehngelenkgetriebe gibt. Bild 18 gibt eine Übersicht über die Grundbauformen der Dreizehngelenkgetriebe.

Als Anwendungsbeispiele seiner Lehre bietet Franke weiterhin die Entwicklung einer Systematik der Schrittschaltwerke und eine Systematik der Selbstunterbrecher und er bringt auch Beispiele aus der Elektrotechnik: eine Systematik der Elektromotoren, der elektrischen Empfangsgeräte, der elektrischen Schaltungen.

Wenn man die Methode, die Franke zur Lösung praktischer Aufgaben anwendet, mit einem Wort charakterisieren wollte, könnte man sie Variationstechnik nennen: Man nimmt eine spezielle Lösung der gestellten Aufgabe und zerlegt sie in ihre Teile. Man ersetzt diese Teile oder Elemente durch andere Elemente, die etwa dieselbe Funktion erfüllen und erhält so weitere spezielle Lösungen derselben Aufgabe.

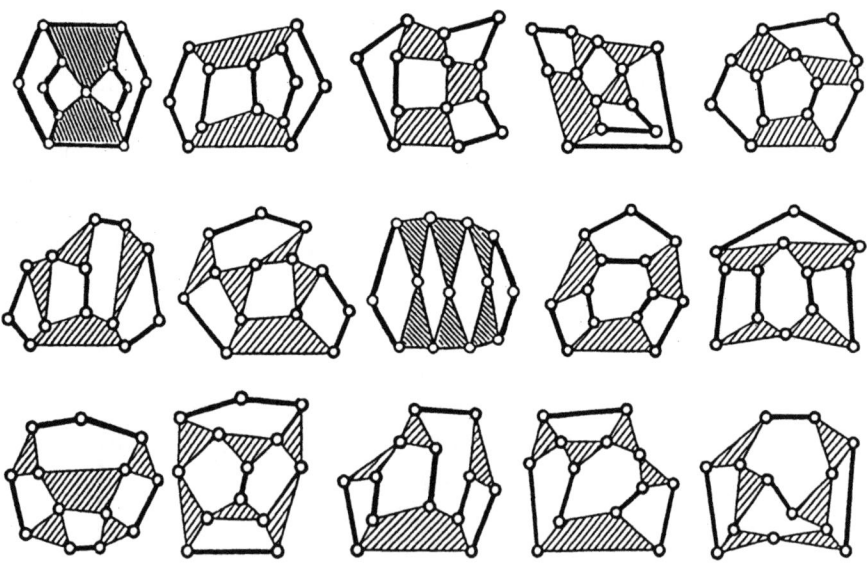

Bild 18 Kettenformen der zwangläufigen Dreizehngelenkgetriebe (Franke)

Die Listen über die verschiedenen Getriebebaustoffe, die verschiedenen Gelenke, Ketten und Getriebe (Bild 12a und 12b) sind bei dieser Variationsmethode ein gutes Hilfsmittel; sie geben immer neue Anregungen zu immer weiteren Variationen. Wenn man diese Variationsmethode konsequent durchführt, kann man wesentlich mehr Lösungen erhalten, als durch Probieren oder durch Zufall. Die Variationsgesichtspunkte von Franke sind also eine gute Hilfe bei der Ausarbeitung von Lösungsideen und bei der Verbesserung bekannter Lösungen.

Probleme und Grenzen

Den unbestreitbaren Vorteilen, die man bei der praktischen Anwendung der Franke'schen Getriebelehre hat, stehen nun leider auch eine Reihe von Nachteilen und Anwendungsschwierigkeiten gegenüber:

So nützlich auch die Tabellen und Übersichten mit Variationsgesichtspunkten sind, vollständig können sie nicht sein. Das hat Franke natürlich auch gewußt. Bei der Bearbeitung von praktischen Aufgaben hat er sich ziemlich weit von den durch ihn selber aufgestellten Regeln entfernt; bei der Bearbeitung elektrotechnischer Aufgaben ist von den getriebetechnischen Variationsregeln nicht mehr viel angewendet worden, obgleich diese Regeln gerade im Hinblick auf die Elektrotechnik in recht großzügiger Weise erweitert formuliert wurden.

Die Variationstechnik kann nicht garantieren, daß man die beste Lösung einer Aufgabe auch wirklich findet; man findet in der Regel eine sehr große Anzahl von Lösungen und kann mit einiger Wahrscheinlichkeit erwarten, daß die beste Lösung auch darunter ist und kann mit einiger Zuversicht hoffen, daß man sie auch herausfindet.

Bei der Beurteilung und Auswahl von Lösungen kann einem die Franke'sche Getriebelehre nicht viel helfen. Denn diese Lehre beschäftigt sich fast ausschließlich mit dem Aussehen verschiedener Bauteile und Getriebe, die denselben Zweck erfüllen. Die Lehre beschäftigt sich aber kaum mit der Frage, warum eine bestimmte Klasse von Getrieben bestimmte Eigenschaften hat und wozu man sie gebrauchen kann.

Die Frage, warum ein Getriebe so und nicht anders funktioniert, ist Sache des Physikers; die Frage, wozu man ein Getriebe am besten einsetzt, ist Sache des Konstrukteurs. Man kann also dem Systematiker Franke keinen Vorwurf machen, wenn er diese Fragen etwas vernachlässigt. Aber man kann sich fragen, warum der Konstrukteur diese Getriebelehre nicht anwendet, die ihm ein nützliches Hilfsmittel sein könnte beim Entwurf von mechanischen, elektrischen und hydraulischen Maschinen, Geräten und Vorrichtungen aller Art.

Das liegt vermutlich mit an der vertrackten Ausdrucksweise, zu der Franke gezwungen war, weil er alle elektrischen, hydraulischen und mechanischen Maschinen, die er kannte, mit sanfter Gewalt unter einen Hut bringen wollte. Das ist ihm gelungen, aber der alte Hut der Kinematik paßt eben nicht immer am bequemsten.

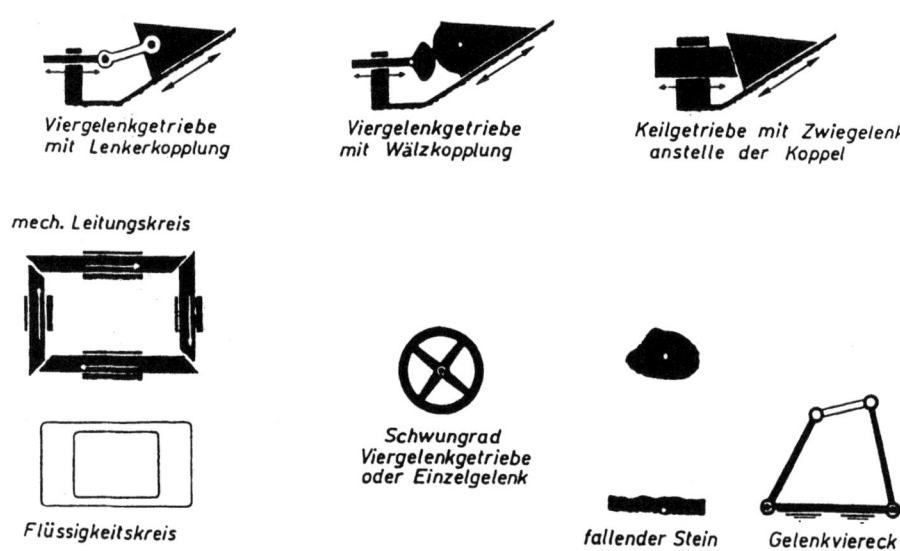

Bild 19 Probleme bei der Nomenklatur (Franke)

Das Bild 19 bringt einige Beispiele aus der Nomenklatur von Franke, die den unbefangenen Betrachter leicht verwirren können. In der obersten Zeile wird mit einer Entwicklungsreihe von drei Zeichnungen nachgewiesen, daß ein dreigelenkiges Keilgetriebe eigentlich vier Gelenke enthält. Links unten im Bild wird ein einfacher hydraulischer Kreis dadurch erklärt, daß man ihn auf das recht komplizierte Modell eines Achtgelenkgetriebes zurückführen kann.

Ein einfaches Schwungrad muß nach Franke als einfaches Drehgelenk verstanden werden, wenn es in Ruhe ist oder sich gleichförmig dreht. Wenn dasselbe Schwungrad sich aber beschleunigt oder verzögert dreht, entspricht es einem Viergelenkgetriebe. Zum letzten Beispiel rechts unten im Bild sagt Franke: „Damit ist ein fallender Stein als zwangläufiges Viergelenkgetriebe gekennzeichnet" [29, 30]. Er meint natürlich nicht, der Stein und das Getriebe wären identisch, sondern das Getriebe soll ein Modell des fallenden Steines sein, das in einigen Eigenschaften – den wesentlichen Eigenschaften – mit der Wirklichkeit übereinstimmt: Modell und Wirklichkeit stimmen hier darin überein, daß ein Gelenkviereck sich bewegen kann und daß ein fallender Stein sich bewegt. Über den Freiheitsgrad dieser Bewegungen kann man sich noch streiten: Ein Gelenkviereck bewegt sich in der Regel zwangläufig, also mit dem Freiheitsgrad 1. Ein fallender Stein bewegt sich in der Regel mit dem Freiheitsgrad 6; wenn man allerdings vom realen fallenden Stein abstrahiert zum physikalischen Modell des freien Falles, kann man mit einigem Recht von einer zwangläufigen Bewegung sprechen.

Wenn man nun den fallenden Stein besser „verstehen" oder praktisch anwenden will, wird man statt des Franke'schen Modells „Gelenkviereck" in den meisten Fällen mit mehr Erfolg das in der Physik übliche mathematische Modell verwenden: $s = g/2 \, t^2$ oder in Worten: der Fallweg ist gleich der halben Erdbeschleunigung mal dem Quadrat der Fallzeit.

Die Franke'schen Modelle und seine Nomenklatur sind zwar nicht falsch, aber in manchen Fällen unpraktischer als die übliche Ausdrucksweise.

Morphologie der Getriebe

Die Getriebe- und Konstruktionslehre von Franke ist keine analytische Wissenschaft, wie wir sie etwa in der Newton'schen Mechanik kennen, sondern eher eine morphologische Wissenschaft, wie wir sie von Newton's Widersacher Johann Wolfgang von Goethe kennen [36].

Diese zunächst etwas überraschende Behauptung muß etwas näher erläutert werden: In Bild 13 wurde gezeigt, wie Franke die verschiedenen Gelenke durch Variation der Form auseinander ableitet und nach ihrer Verwandtschaft anordnet. Das macht Franke, weil sein Grundsatz lautet: was ähnlich aussieht, wirkt auch ähnlich. Bild 20 zeigt, wie Goethe die Schädelformen der verschiedenen Säugetiere durch Variation der Form auseinander herleitet und nach ihrer Verwandtschaft anordnet. Das macht Goethe, weil er von Lavater lernte: ähnliche Form bedeutet ähnlichen Charakter.

Es gibt einige weitere Parallelen in den morphologischen Arbeiten von Goethe und den getriebetechnischen von Franke. Die auffallendste ist vielleicht die vieldeutige, gleichnishafte Ausdrucksweise, die wohl darin begründet ist, daß sich das anschauliche Denken leider niemals ganz präzise mitteilen läßt.

Man findet in Frankes Büchern eine Fülle von Anregungen für eigene Arbeiten. Man lernt in gewissem Sinn die Welt der Getriebe durch Franke besser verstehen. Wenn man allerdings klare Formulierungen sucht, etwa, weil man Konstruktionsaufgaben auf dem Rechner bearbeiten will, wird man doch lieber auf Reuleaux zurückgreifen.

Die Getriebelehren von Reuleaux und von Franke sind beide etwas veraltet, so daß man sie nicht ohne weiteres als moderne Konstruktionslehren für moderne Aufgaben der Technik übernehmen kann. Reuleaux und Franke haben aber für eine moderne Konstruktionslehre wesentliche Grundlagen geschaffen, die man unbedingt übernehmen sollte.

Von Reuleaux sollte man die vertikale Struktur seiner Lehre übernehmen. Das heißt, auch in einer modernen Konstruktionslehre soll der Weg von der abstrakten Aufgabe zur konkreten Maschine aufgelöst werden in einzelne Stufen, auf denen der Konstrukteur schrittweise von der abstrakten Ebene der Wünsche und Vorstellungen zu Ebenen gelangt, in denen sein Ziel immer konkreter wird und

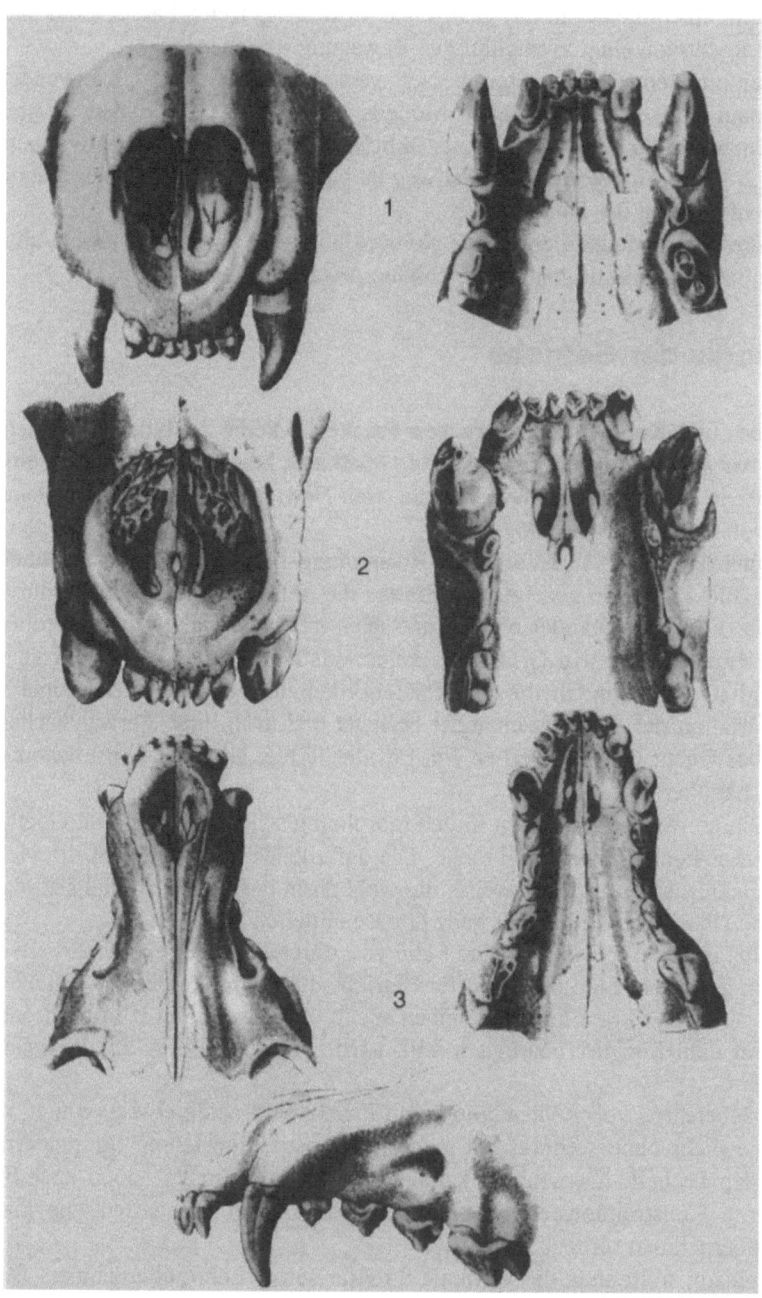

Bild 20 Das os intermaxillare des Löwen (1), des Eisbären (2) und des Wolfes (3) (Goethe)

schließlich herab zur konkretesten Ebene, dem praktischen Betrieb der fertigen Maschine.

Es gibt inzwischen mehrere unterschiedliche derartige Stufenlehren. Die Entscheidung darüber, welche dieser Stufenlehren richtig im philosophischen Sinne ist, scheint äußerst schwer zu sein; sie ist aber für die praktische Anwendung einer solchen Lehre offenbar auch nicht von allzu großer Bedeutung. Das Hauptkriterium für die Beurteilung einer modernen Konstruktionslehre ist die praktische Anwendbarkeit. Und diese setzt die Erfüllung von drei grundlegenden Forderungen voraus, die man aus den Arbeiten von Reuleaux und Franke ableiten kann:

1. Forderung: Der Konstruktionsvorgang muß aufgelöst werden in eine Folge von einzelnen Arbeitsschritten. Oder anders ausgedrückt: Der vertikale Abstand zwischen der Forderung von bestimmten Eigenschaftsänderungen, die eine Maschine hervorrufen soll und der Erfüllung dieser Forderung durch die fertige Maschine muß aufgeteilt werden in eine Folge von Konkretisierungsstufen.

2. Forderung: Es muß gezeigt werden, wie man innerhalb jeder dieser Ebenen, sozusagen in horizontaler Richtung, operieren kann. Das kann man entweder durch Aufzählung sämtlicher spezieller Lösungen und Möglichkeiten innerhalb dieser Ebene oder, wenn diese Aufzählung zu umfangreich wird, durch Angabe der Variations- und Kombinationsmethoden innerhalb der Ebene.

3. Forderung: Man muß angeben können, wie man von jeder Ebene in die beiden benachbarten Ebenen, die konkretere und die abstraktere Ebene, gelangen kann.

Eine moderne Konstruktionslehre muß (mindestens) diese drei Forderungen erfüllen.

Wolf G. Rodenacker

Physik und Konstruktion

Die einzelnen Arbeitsschritte oder Konkretisierungsebenen leitet Rodenacker dadurch ab, daß er die Arbeit des Ingenieurs mit der des Naturwissenschaftlers vergleicht. Der Naturwissenschaftler betreibt Analyse, der Ingenieur Synthese. Der Physiker geht aus von der Wirklichkeit und sucht abstraktere Gesetze, der Konstrukteur geht aus von abstrakten Forderungen und sucht konkrete Maschinen. Man kann also – cum grano salis – behaupten, daß die Arbeit des Ingenieurs die Umkehrung der Arbeit des Naturwissenschaftlers sei.

Dieser Gedankengang ist in Bild 21 etwas anschaulicher skizziert: Der Forscher betrachtet die altbekannte Naturerscheinung wie ein Apfel vom Baum fällt. Das haben schon viele vor ihm getan; er aber versucht nun, herauszufinden, nach welchen Gesetzen der Fall vor sich geht. Der Forscher kann seine Beobachtung in Grundbestandteile zerlegen: Der Apfel, ein Stück Materie; eine Kraft oder Energie, die den Apfel herunterzieht; Lichtsignale, die dem Auge melden, wo der Apfel gerade ist.

Er kann die Eigenschaften, die ihn an dem fallenden Apfel interessieren, auch messen. Das heißt, er kann Gewichte, Längen und Zeitintervalle feststellen.

Um die Verknüpfungen zwischen diesen Eigenschaften kennenzulernen, baut er sich ein Experiment auf. Weil er nicht wissen kann, wann der nächste Apfel fällt und weil er keine sehr kurzen Zeitintervalle messen kann, verwendet er für seine Versuche die schiefe Ebene, auf der die Bewegungen viel langsamer vor sich gehen als beim freien Fall.

Als Ergebnis findet er, daß der von der Kugel zurückgelegte Weg proportional dem Quadrat der Zeit ist und daß das Gewicht der Kugel dabei keine Rolle spielt.

Diese Gleichung „s proportional t^2" läßt sich verallgemeinern zur Grundgleichung der Mechanik „Kraft gleich Masse mal Beschleunigung", die auf dem Bild in etwas allgemeinerer Form angeschrieben ist.

Soweit die linke Seite im Bild, in der von „unten" nach „oben" die Arbeitsweise des Physikers beschrieben wird. Nun zur rechten Seite, in der von „oben" nach „unten" die Arbeitsweise des Ingenieurs als Umkehrung der Arbeitsweise des Physikers beschrieben wird.

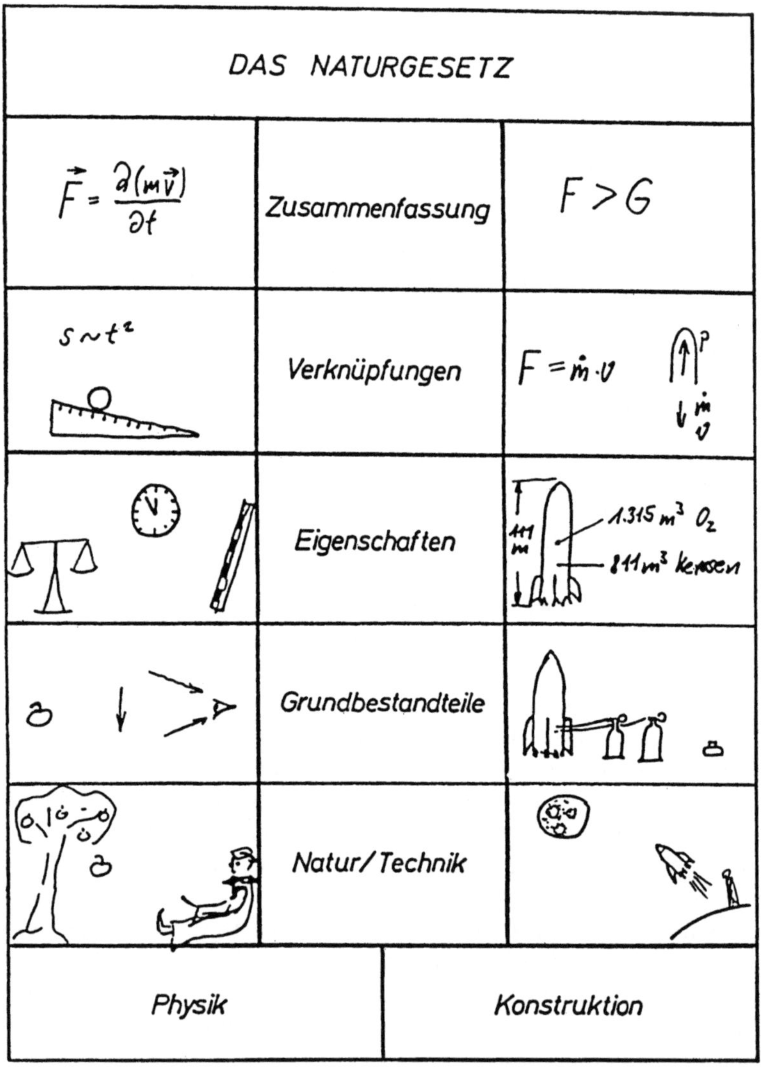

	DAS NATURGESETZ	
$\vec{F} = \dfrac{\partial(m\vec{v})}{\partial t}$	Zusammenfassung	$F > G$
$s \sim t^2$	Verknüpfungen	$F = \dot{m} \cdot v$
	Eigenschaften	$1.315\,m^3\ O_2$ $811\,m^3$ keosen
	Grundbestandteile	
	Natur/Technik	
Physik		Konstruktion

Bild 21 Isaac Newton und Wernher von Braun

Der Arbeitsschritt Funktion

Wernher von Braun möchte eine Rakete zum Mond schicken. Für seine Rakete gilt zusammengefaßt die Forderung, daß die Vorschubkraft F größer sein muß, als das Gewicht G. Ein physikalisches Gesetz, mit dem man das erreichen kann, läßt sich aus der Newton'schen Grundgleichung ableiten. Diese sogenannte Raketenformel lautet: $F = \dot{m}\,v$, wobei F die Vorschubkraft ist, $\dot{m}$ der Massenstrom und v die Geschwindigkeit der ausgestoßenen Gase. Aufgabe des Ingenieurs ist es, unter Verwendung dieser Grundgleichung die Eigenschaften der Rakete im einzelnen festzulegen. Sobald alle Eigenschaften festgelegt sind, können die einzelnen Grundbestandteile der Rakete hergestellt und zusammengebaut werden. Und damit ist es soweit, daß man die Rakete zu einem Mondflug gebrauchen kann.

Wenn man die einzelnen Arbeitsschritte noch mit Namen versehen will (Bild 22), könnte man die fünf Arbeitsschritte des Physikers z.B. benennen als (von unten nach oben): Betrachtung, Ordnung, Messung, Experiment, Gesetz. Und die fünf Arbeitsschritte des Ingenieurs z.B. als (von oben nach unten): Funktion, Physik, Konstruktion, Fertigung, Gebrauch.

Von den fünf Arbeitsschritten des Ingenieurs gehören die ersten drei – Funktion, Physik, Konstruktion – im wesentlichen in den Bereich der Tätigkeit des Konstrukteurs. Im folgenden soll also gezeigt werden, was man unter diesen drei Arbeitsschritten zu verstehen hat und wie man innerhalb der drei entsprechenden Konkretisierungsebenen variieren und kombinieren kann.

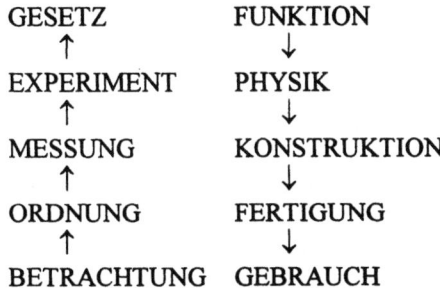

Bild 22 Physik und Konstruktion

Der Arbeitsschritt Funktion

Der Konstrukteur beginnt seine Arbeit mit der Forderung nach einem Produkt, von dem er oft nicht viel mehr weiß, als was es leisten soll. In diesem Stadium der Arbeit kann man eine Maschine als sogenannte „Black Box" darstellen, als einen schwarzen Kasten, dessen Inhalt man zunächst noch nicht kennt, von dem man nur angeben kann, daß etwas in den Kasten hineingehen soll, drinnen irgendwie verändert werden soll und daß etwas aus dem Kasten herauskommen soll.

Was in den Kasten hineingeht, nennt man gerne mit einem englischen Wort den Input, was herausgeht, den Output. Über Input und Output kann man einige allgemeine Angaben machen: Der Input besteht aus Stoffen, Energien und Signalen, die man durch Angabe ihrer wesentlichen Eigenschaften kennzeichnen kann. Der Output besteht ebenfalls aus Stoffen, Energien und Signalen, die man durch Angabe ihrer wesentlichen Eigenschaften kennzeichnen kann. Die Eigenschaften von Input und Output stimmen nicht in allen Stücken überein. Aufgabe der Maschine ist es also, bestimmte Eigenschaftsänderungen an den durchgesetzten Stoffen, Energien und Signalen hervorzurufen. Die wesentlichen Forderungen an Input und Output muß der Konstrukteur bei seinem Auftraggeber ermitteln.

Und dann kommt die Hauptfrage: Wie muß eine Black Box von innen aussehen, um die geforderten Eigenschaftsänderungen von Input und Output zu garantieren? Wenn man nicht die Funktionsstruktur einer bekannten Maschine übernehmen kann oder will – und in der Regel strebt man ja bessere Lösungen an – muß man die Black Box zerlegen, zunächst in größere Funktionsgruppen, und, wenn das nicht hilft, mit der Zerlegung fortfahren, bis man zu Einheiten kommt, die man praktisch ausführen kann. Alle Teile einer Black Box lassen sich wieder als Black Box darstellen, von der man mindestens Input und Output kennt.

Die kleinsten Einheiten, in die man eine Black Box zerlegen kann, nennt man Funktionselemente. Ein Funktionselement ist also wieder eine kleine Black Box mit Eingängen und Ausgängen. Es sind prinzipiell nur drei verschiedene Arten von Funktionselementen denkbar:
– Funktionselement Kopplung (Vereinigung, Veränderung)
– Funktionselement Sperrung (Trennung, Behinderung)
– Funktionselement Leitung (Führung, Kanäle)

Der Konstrukteur soll also die Black Box solange zerlegen, bis er zu Funktionsgruppen oder Funktionsuntergruppen oder Funktionselementen kommt, die sich realisieren lassen. Damit steht der Konstrukteur vor zwei Fragen: Wie zerlegt man eine Black Box eindeutig? Und: Welche Funktionsgruppen oder Funktionselemente lassen sich realisieren? Auf den verschiedenen Spezialgebieten der Konstruktion gibt es unterschiedliche Erfahrungen zur Beantwortung dieser Fragen, gelegentlich auch praktische Regeln, etwa beim Entwurf von Gelenkgetrieben oder von logischen Schaltungen.

Für andere Gebiete der Konstruktion gibt es heute zwar noch keine zuverlässige Methode, eine Black Box zu strukturieren. Es gibt aber Ansätze zur Lösung der umgekehrten Aufgabe, nämlich aus den Funktionselementen kompliziertere Funktionsgruppen aufzubauen bis hin zu kompletten Funktionsplänen, die eine Black Box ausfüllen.

Nach dieser allgemeinen Beschreibung der Ebene der Funktion sollen einige der wichtigsten Begriffe anhand von Bildern erläutert werden: Bild 23 zeigt das Beispiel einer Black Box für eine bestimmte Aufgabe. Input und Output sind bekannt, der Inhalt der Black Box ist unbekannt.

Bild 24 zeigt eine Übersicht darüber, wie die drei Funktionselemente in verschiedenen Bereichen der Technik bezeichnet werden.

Bild 25 gibt einen Begriff davon, wie man aus den drei Funktionselementen kompliziertere Funktionsstrukturen bis hin zu „Automatiken" und „Selbststeuernden Unterbrechern" aufbauen kann. Bild 26 schließlich zeigt die Black Box, ausgefüllt mit einer Kombination von Funktionselementen, die zusammen den sogenannten Funktionsplan bilden.

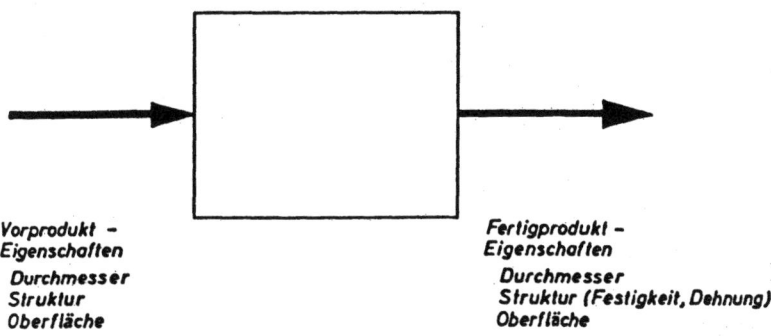

Vorprodukt –
Eigenschaften
Durchmesser
Struktur
Oberfläche

Fertigprodukt –
Eigenschaften
Durchmesser
Struktur (Festigkeit, Dehnung)
Oberfläche

Bild 23 Drahtziehmaschine, Black Box

	Kanäle	Verknüpfungsglieder	Trennglieder
Energieumsatz	Leitungen	Kopplungen	Sperrungen
mechanisch	"	"	Bremsen
hydraulisch	"	"	Ventile
elektrisch	"	"	Schalter
Stoffumsatz			
Wirkfläche	Führen	Bewegen	Verdrängen
2 Stoffe physikalisch	Fördern	Vereinigen	Trennen
2 Stoffe chemisch	Transportstoff	Koppeln	Spalten
Signale			
Meß- und Regeltechnik	Leitungen	Fühler	Schaltglieder
Fernmeldetechnik	Kanäle	Koppelglieder	Schaltglieder

Bild 24 Bezeichnung der Funktionselemente

40 Wolf G. Rodenacker

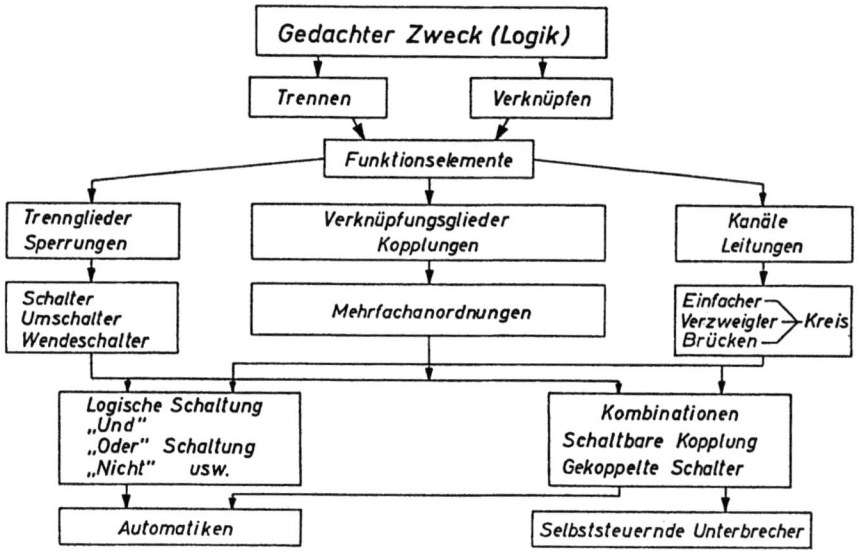

Bild 25 Zweck (Funktionen)

Verfahren

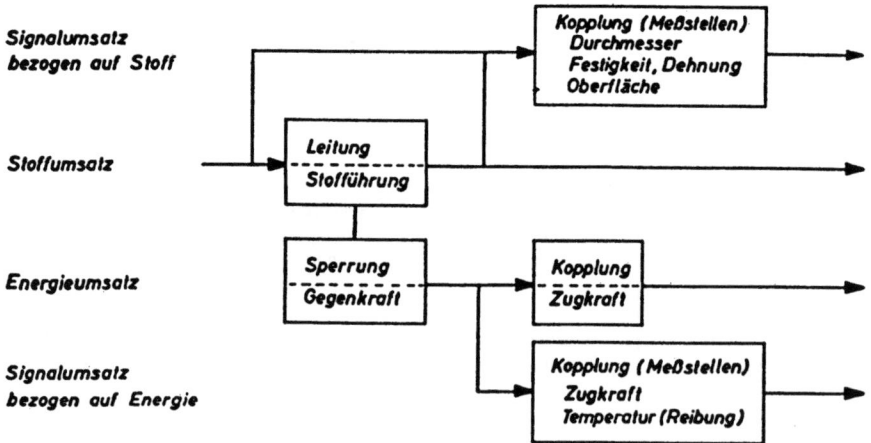

Bild 26 Drahtziehmaschine, Funktionsplan

Der Arbeitsschritt Physik

Von Funktionselementen und Funktionsgruppen sind zunächst nur die Input- und Outputgrößen bekannt sowie die Forderung, daß diese Größen miteinander so verknüpft werden sollen, daß sich bestimmte Eigenschaftsänderungen zwischen Input und Output ergeben. Die nächste Aufgabe ist nun, zu untersuchen, welche Verknüpfungen zwischen verschiedenen Eingangs- und Ausgangsgrößen möglich sind und welche Eigenschaftsänderungen man durch geschickte Ausnutzung der Naturgesetze, speziell der physikalischen Gesetze, erreichen kann. Das ist die Aufgabe des Arbeitsschrittes „Physik".

Dem Funktionselement in der Ebene der Funktion entspricht in der Ebene der Physik der physikalische Effekt. Ein physikalischer Effekt ist der Zusammenhang zwischen physikalischen Größen. Diesen Zusammenhang beschreibt der Physiker am liebsten in der Form von mathematischen Formeln. In der Ingenieurwissenschaft muß man oft mit physikalischen Effekten arbeiten, die noch gar nicht vollständig bekannt sind. Der Ingenieur ist es deshalb gewöhnt, physikalische Effekte auch in der Form von Zahlentabellen zu beschreiben oder mit Worten oder, was manchem am liebsten ist, in Form kleiner Skizzen.

Ein Beispiel eines einfachen physikalischen Effektes bringt Bild 27. Die Skizze stellt den bekannten Effekt der Reibung dar, den man natürlich auch mathematisch formulieren kann: $F_1 \cdot \cos\varphi = F_2$; $F_1 \cdot \sin\varphi = F_3$; $F_3 \cdot \mu = F_4$; $F_4 \leq F_2$.

Der physikalische Effekt Reibung läßt sich hier also darstellen als Zusammenhang zwischen physikalischen Größen, nämlich zwischen den vier Kräften F_1, F_2, F_3 und F_4, einem Winkel φ und einer Stoffkonstanten μ, dem sogenannten Reibungskoeffizienten.

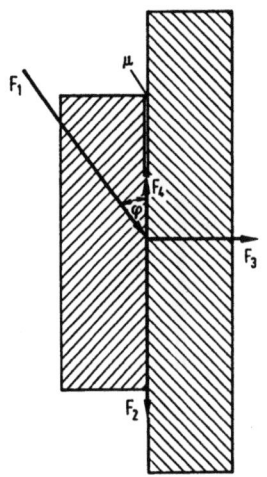

Bild 27 Reibungskräfte

In der mathematischen Darstellung eines physikalischen Effektes ist nicht eindeutig festgelegt, was abhängige und was unabhängige Größen sind.

Man kann also mit einer gewissen Freizügigkeit einige dieser Größen als Inputgrößen und andere als Outputgrößen wählen. Die restlichen Größen, die man etwa als Parametergrößen bezeichnen könnte, kann man in gewissen Grenzen beliebig wählen und hat es damit in der Hand, auch die Eigenschaftsänderung zwischen Input und Output zu variieren.

Auf diese Weise kann man einen und denselben physikalischen Effekt zur Realisierung verschiedener Funktionselemente verwenden und verschiedenartige und sozusagen verschieden starke Eigenschaftsänderungen zwischen Input- und Outputgrößen erreichen.

In Bild 28 ist gezeigt, wie man z.B. den physikalischen Effekt der Reibung zur Realisierung der drei Funktionselemente Leitung, Sperrung und Kopplung gebrauchen kann. Als Inputgröße ist in allen drei Fällen die Kraft F_1, als Outputgröße die Kraft ($F_2 - F_4$) gewählt, die wichtigsten Parametergrößen sind der Winkel φ und der Reibungskoeffizient μ.

Wenn der Winkel $\varphi = 0$ ist, erhält man die Leitung einer Kraft und einer Bewegung. Wenn der Winkel $\varphi = 90°$ ist, erhält man die Sperrung einer Bewegung. Wenn der Winkel φ weder 0° noch 90° ist und der Wert von μ hinreichend klein, erhält man die Koppelung einer Antriebsbewegung mit einer Abtriebsbewegung.

Im dritten Fall kann man durch verschiedene Festlegung der Parametergrößen φ und μ (Bild 29) für verschieden große Reibungsverluste bei der Gleitbewegung sorgen und damit eine Änderung der Ausgangskraft gegenüber der Eingangskraft hervorrufen.

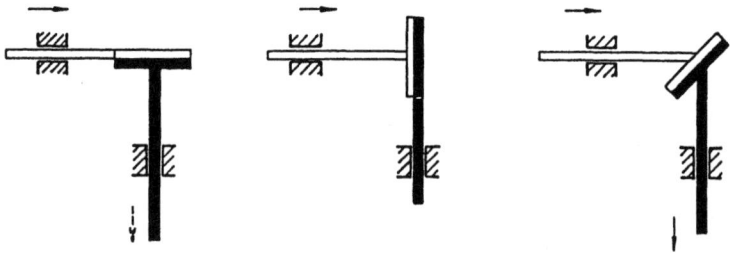

Bild 28 Funktionselemente mechanisch, Keilkette

Bild 29 Funktionselemente mechanisch, selbsthemmende Keilkette

Man kann also einen physikalischen Effekt, etwa den der Reibung, zur Realisierung verschiedener Funktionselemente und zur Erzeugung verschiedener Eigenschaftsänderungen heranziehen.

Es bleibt die Frage: wie findet man einen physikalischen Effekt, der sich für eine bestimmte Aufgabe gut eignet?

Der sicherste Weg ist: selber Experimente zu machen. Aber dieser Weg ist zugleich der teuerste und langwierigste und deshalb bei Konstrukteuren unbeliebt; man muß ihn trotzdem manchmal beschreiten, insbesondere dann, wenn in einer Maschine Störungen auftreten, die sich nicht erklären lassen, was als Hinweis darauf zu verstehen ist, daß man die physikalischen Effekte in der Maschine eben noch nicht genau genug kennt.

Ein weiterer Weg, brauchbare physikalische Effekte zu finden, ist, daß man in Lehrbüchern der Physik blättert oder in Büchern über Thermodynamik oder Technische Mechanik; man findet hier z.B. Angaben über den physikalischen Effekt „Wärmeübergang durch freie Konvektion" oder „Biegeträger unter Streckenlast".

Aber der Konstrukteur findet in derartigen Büchern nicht immer was er braucht. Denn die Verfasser von Physikbüchern haben nicht immer die richtige Vorstellung davon, welche Informationen der Konstrukteur eigentlich für seine Arbeit braucht. Was der Konstrukteur gerne hätte, wäre eine Zusammenstellung von physikalischen Effekten, geordnet nach den verschiedenen Anwendungsmöglichkeiten und nach der Verwandtschaft der Effekte untereinander, so daß man mit einiger Wahrscheinlichkeit einen Effekt herausfinden könnte, der bestimmten Anforderungen genügt und möglichst gleich daneben einen Effekt, der ganz ähnlich und vielleicht noch besser ist.

Eine derartige allgemeine Typenlehre oder Systematik der physikalischen Effekte gibt es heute noch nicht, aber doch schon einige Ansätze dazu: Als Ordnungs- und Variationsgesichtspunkt bei den physikalischen Effekten kann man z.B. die Einteilung nach der vorherrschenden Energieart verwenden und mechanische, hydraulische, elektrische, thermische usw. Effekte unterscheiden. Oder man kann nach statischen und dynamischen Wirkungen unterteilen oder nach ruhenden und bewegten Systemen.

Bild 30 bringt in Skizzenform eine kleine Auswahl von derartig angeordneten physikalischen Effekten: In der ersten Zeile wird gezeigt, wie eine mechanische Kraft entsteht durch Einwirkung von Feuchtigkeit auf ausgespannte Haare in einem Hygrometer, durch Einwirkung von Wärme auf einen Bimetallstreifen, durch Einwirkung von elektrischer Energie auf einen Piezoquarz. Die zweite Zeile zeigt die Entstehung eines hydraulischen Druckes in einem Keilspalt, bei der Erwärmung eines abgeschlossenen Gasvolumens, durch Elektroosmose. Die dritte Zeile zeigt die Entstehung einer elektrischen Spannung unter Einwirkung einer mechanischen Kraft auf einen Piezoquarz, unter Einwirkung von Wärme auf ein Thermoelement, in einer galvanischen Zelle.

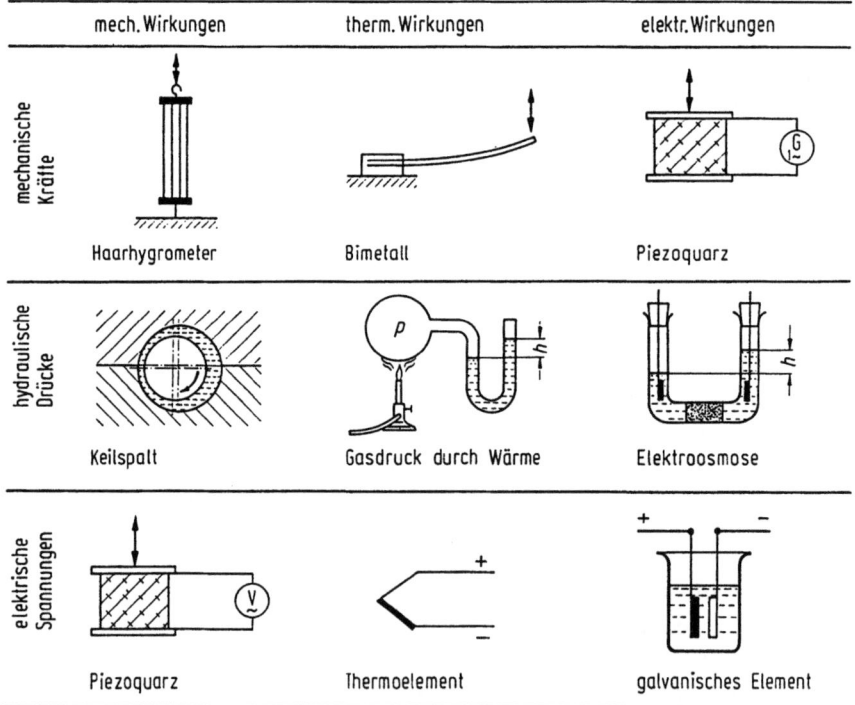

Bild 30 Physikalische Effekte

Wenn man sich für einen physikalischen Effekt entschieden hat, wird man als nächstes versuchen, die einzelnen Einflußgrößen und ihre Kombination optimal auszulegen. Das Ergebnis dieser Optimierung und Dimensionierung sind dann sozusagen „gebrauchsfertige" oder „einbaufertige" physikalische Effekte. Natürlich muß sich der Konstrukteur nicht alle Effekte selbst erarbeiten. Ein großer Teil davon ist bekannt und tabelliert. Man findet derartige „Bauelemente" z.B. in Lehrbüchern über Maschinenelemente, in Katalogen und Prospekten, in Werkstoffhandbüchern, in Normen und Lagerlisten.

Der Arbeitsschritt Konstruktion

Aufgabe des nächsten Arbeitsschrittes, der Konstruktion im engeren Sinne, ist es nun, aus diesem Angebot von Bauelementen und möglichen Eigenschaften einer Konstruktion einzelne auszuwählen, entsprechend dem Funktionsplan zu kombinieren und alle wesentlichen Eigenschaften der Maschine festzulegen. Diese Tätigkeit wird oft als die Hauptaufgabe des Konstrukteurs bezeichnet. Der Konstrukteur geht im einzelnen etwa so vor:

Er sucht zunächst für jede Funktionsgruppe oder jedes Funktionselement ein oder mehrere Bauteile aus, die den gestellten Anforderungen etwa entsprechen. Er stellt fest, welche wesentlichen Merkmale die Teile der Maschine haben müssen, die eine bestimmte Wirkung auf ein durchgesetztes Produkt ausüben sollen. Neben den Eigenschaften dieser Wirkflächen sind meist noch die kinematischen Eigenschaften der bewegten Maschinenteile von besonderem Interesse. Durch Kombination der einzelnen Bauelemente und Festlegung der Wirkflächen- und kinematischen Eigenschaften erhält man einzelne Lösungen der vorliegenden Konstruktionsaufgabe. Durch Variation der Lösungselemente erhält man weitere Gesamtlösungen. Als Anregung zu derartigen Variationen sind die Arbeiten von Franke von großem Nutzen. Aus den verschiedenen Lösungen sucht der Konstrukteur nun diejenige aus, die alle gestellten Anforderungen zu erfüllen und gleichzeitig den geringsten Aufwand verspricht.

Soweit die Erläuterung der drei wichtigsten Arbeitsschritte – Funktion, Physik, Konstruktion – der Konstruktionslehre von Rodenacker.

Diese Methodik ist nun nicht als ein Reglement zu verstehen, das streng der Reihe nach abgearbeitet werden muß. Ein richtiger Konstrukteur würde sich derartige Vorschriften ohnehin nicht machen lassen. Die Methodik ist eher als eine Aufzählung von Teilaufgaben zu verstehen, die alle gelöst sein wollen, ehe eine Konstruktion fertig ist.

Niemand hindert den Konstrukteur z.B. daran, die Arbeitsschritte Funktion und Physik zu überspringen und zunächst mit dem dritten Arbeitsschritt Konstruktion zu beginnen und zu versuchen, allein durch Kombination vorhandener Bauelemente und bekannter Eigenschaften von Wirkfläche und Kinematik verschiedene

Variation		Skizze	Energie-umsatz	Stoff-umsatz
1	Wand ruhend Flüssigkeit ruhend		Standmessung	Lagerbehälter
2	W ruhend Fl bewegt		Leitungs-widerstand	Förderleitung
3	W bewegt Fl ruhend		Tachometer	Zentrifuge
4	W bewegt Fl bewegt		Messung der Masse	(Zentrifugal-pumpe)
5	W_1 ruhend W_2 bewegt Fl bewegt		Druckmessung	Förderpumpe
6	W_1 ruhend W_2 bewegt Lage parallel		Widerstand	Reibscheiben
7	Keilwinkel		Spaltdruck	Keilspalt
8	senkrecht		Impulsabgabe	Rührer
9	Bewegungs-richtung senkrecht		Widerstand	Kneter
10	Form		Förderdruck	Verdränger (Zahnradp.)

Bild 31 Variation der Wirkfläche mit konstruktiven Anwendungen

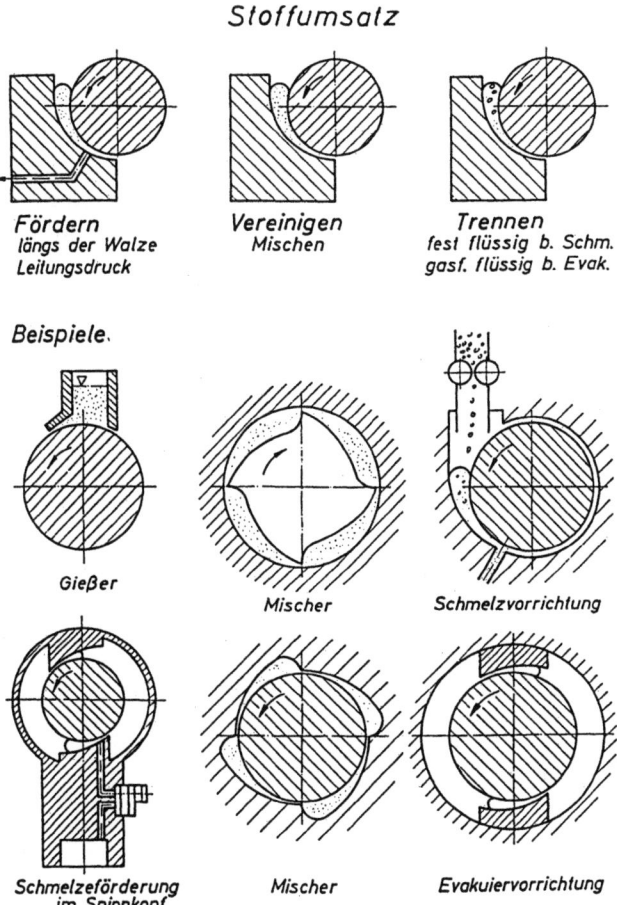

Bild 32 Keilspalt, Variation der Wirkfläche mit konstruktiven Anwendungen

Anordnungen zu finden, für die er nachträglich überlegt, welche Funktion sie erfüllen könnten.

Bild 31 bringt ein Beispiel für diese Arbeitsweise: Hier sind verschiedenartig ausgebildete Wirkflächen mit verschiedenen Grundbewegungen kombiniert. Es wird gezeigt, daß sich jede Anordnung zum Energieumsatz oder Stoffumsatz oder – was hier weggelassen ist – auch zum Signalumsatz verwenden läßt.

In Bild 32 ist ein bekannter physikalischer Effekt, der Keilspalt-Effekt, vorgegeben. In dem Effekt spielen Kräfte, Momente, geometrische Abmessungen und Stoffwerte von Schmieröl eine Rolle. Üblicherweise wählt man ein Moment als Input und ein Moment als Output und verwendet den Effekt als Gleitlager, also zur Verwirklichung des Funktionselementes „Leitung". Man kann sich überlegen, ob man denselben Effekt nicht auch zur Erfüllung anderer Funktionen heranziehen kann. Wenn man z.B. als Input und Output das „Schmiermittel" flüssigen Kunststoff wählt, erhält man bei geschickter Dimensionierung des Effektes eine Reihe neuartiger Maschinen zur Verarbeitung von Kunststoff.

Und daß diese Maschinen erfunden, konstruiert, gebaut wurden und sich im Betrieb technisch und wirtschaftlich bewährten, ist wohl der schönste Nachweis für den Nutzen der Konstruktionslehre, die Rodenacker auf der Basis der Arbeiten von Reuleaux und Franke entwickelt hat [93–107].

TEIL 2:
Neuer Weg
zum Lösen von Konstruktionsaufgaben

1 Einleitung

1.1 Ansätze zum methodischen Lösen von Konstruktionsaufgaben
1.2 Eingrenzung des Bereiches der Untersuchung
1.3 Durchdenken der Lösungsmöglichkeiten einer technischen Aufgabe
1.4 Wahl der Methode

1.1
Ansätze zum methodischen Lösen von Konstruktionsaufgaben

Es ist die Absicht der vorliegenden Arbeit, neue, allgemeine Grundlagen für die Durchführung technischer Konstruktionen zur Erleichterung der täglichen Arbeit zu geben. Der an sich so wichtige Teil des technischen Schaffens, das Konstruieren, wird auf die herkömmliche Art aller Künste gelehrt, nämlich durch das Kopieren an sich bekannter Konstruktionen, d.h. auf die gleiche Art, wie sich z.B. ein Maler in die Malkunst einlebt. Neben vertieften physikalischen Kenntnissen wird in der Praxis die sogenannte „Erfahrung" erworben, die vor allen Dingen in einer Übersicht über Konstruktionen, ähnlich denen des Aufgabenkreises besteht. Für die eigentliche schöpferische Arbeit, das Schaffen von neuen Konstruktionen, sind klare Methoden nicht bekannt. Dem dringenden Bedürfnis nach einem neuen Weg entsprechen eine Reihe von Ansätzen. Es wird die Klarheit der Aufgabenstellung, die Aufteilung der Konstruktionsarbeit in ihre eigentlichen Phasen nach Wögerbauer [138–141] verlangt (Bild 33).

Zur Beurteilung und Verbesserung von Konstruktionen wurde von Kesselring [52, 53, 128] ein Bewertungsverfahren geschaffen und zu einer VDI-Richtlinie ausgearbeitet.

Auf mechanischem Gebiet sind schon seit Reuleaux Versuche im Gange, die Elemente der Maschinen festzulegen, und ein Versuch desselben Autors zielt dahin, die Maschinen wie durch eine chemische Formel in ihrer Zusammensetzung zu kennzeichnen [29, 30, 86–91].

Bei der Festlegung der Elemente wird von der äußeren Erscheinungsform ausgegangen und ihre grundlegenden Kombinationen aus dem Elementenpaar abgeleitet. Die eigentliche Kinematik schafft dann die Grundlagen einer Bewegungslehre zusammengesetzter mechanischer Getriebe. Ausgehend von Reuleaux wurden von Franke auf einem Vortrag in der Reuleaux-Gesellschaft durch Vergleiche

52   1 Einleitung

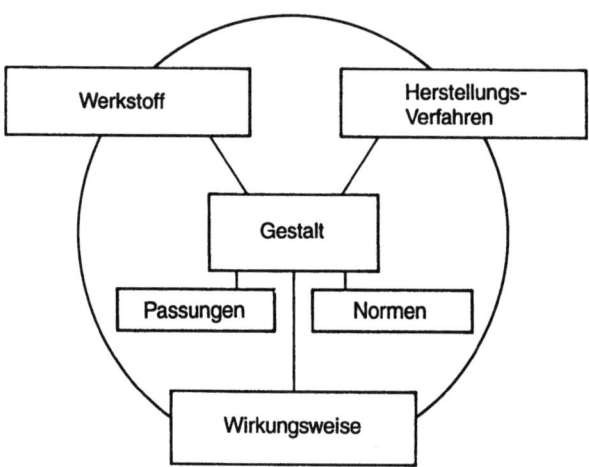

Bild 33 Aufteilung der Konstruktionsarbeit (Wögerbauer)

mechanischer und elektrischer Getriebe neue Wege beschritten, die in seinem Werk „Vom Aufbau der Getriebe" [29, 30] ihren endgültigen Niederschlag gefunden haben. Die Aufteilung mechanischer Getriebe in Gelenke ist beibehalten und durch Vergleich werden die diesen Gelenken entsprechenden elektrischen und hydraulischen Elemente festgelegt. Dabei lassen sich alle bewegungsfähigen Getriebe aufsuchen.

Der eigene Weg des Verfassers soll eine ganz allgemeine Übersicht über die gesamte Maschinen- und Apparatetechnik geben und sich nicht nur auf den Energieumsatz sondern auch auf den Stoffumsatz, die Verfahrenstechnik, und den Signalumsatz ausdehnen lassen. Die Auflösung der Maschinen in Elemente soll möglichst unkompliziert und einfach sein und die Zahl der neuen Begriffe niedrig gehalten werden, um die Einarbeit zu vereinfachen.

Der eigene Weg unterscheidet sich von dem Frankes durch die Trennung von Form und Funktion der Elemente. Die grundlegenden Funktionen lassen sich nämlich, wie später gezeigt wird, durch die Anordnung mechanischer Teile oder durch die Anwendung physikalischer Effekte erfüllen. Der Funktionsbegriff ist aber unabhängig von der Energieart, so daß sich eine einfache Vergleichsmöglichkeit aller Maschinen, Apparate und Geräte ergibt.

Es ist das Ziel, daß man nach Kenntnis der austauschbaren Elemente die ganze Gruppe von Lösungen und Variationen, das Lösungsfeld für eine bestimmte Aufgabenstellung, übersehen lernt, aus denen man dann die für den Spezialfall günstigste auswählt.

1.2
Eingrenzung des Bereiches der Untersuchung

Die Einflußgrößen, die für die äußere Gestalt einer Konstruktion bestimmend sind: der Baustoff, das Herstellungsverfahren und die beabsichtigte Wirkungsweise sind die Haupteinflußgrößen.

Die Wahl des Baustoffes erfolgt auf Grund der Baustoff- und Festigkeitslehre. So wird z.B. eine Torsionsfeder durch Wahl eines elastischen Materials wie Stahl bestimmt, nachdem eine Berechnung auf Torsion für die vorgesehene Beanspruchung erfolgt ist. Das Verfahren der Festlegung ist auf Grund der Daten der Festigkeitslehre für die einzelnen Baustoffe und Methoden der Festigkeitsberechnungen an sich für die verschiedenen Konstruktionsfälle bekannt.

Die Wahl des Herstellungsverfahrens hat einen großen Einfluß auf die äußere Form und wird im wesentlichen durch die Stückzahl und wirtschaftlichen Überlegungen bestimmt. Danach richtet sich die Durcharbeitung des Verfahrens für eine spanlose oder spanabhebende Fertigung, wobei natürlich Rücksicht auf die bei dem Hersteller vorhandenen Maschinen genommen werden muß. Die Wahl des Herstellungsverfahrens nach vorhandenen Maschinen ist bekannt. Die Berücksichtigung anderer Einflußgrößen, wie die Einführung von Normen, die Wahl eines Passungssystems, liegt gleichfalls fest [15, 16, 65, 66, 71, 118]. Unbekannt ist für den allgemeinen Fall bisher eine Methode zur Festlegung der Wirkungsweise von Maschinen für einen vorgegebenen Zweck.

Außer der Beschränkung auf die Wirkungsweise ist der Bereich dieser Untersuchung noch in einem weiteren Punkt einzugrenzen. Bei einem Teil der bekannten Maschinen und Apparate wie Turbinen, Kolbenmaschinen, Transformatoren, Fernschreibmaschinen, automatische Selbstwählanlagen interessiert die Umwandlung der Energie oder Bewegungsform oder die erzielte Bewegung selbst, während bei Apparaten wie Zyklonen, Destillationskolonnen oder Schneckenpressen die Wirkungsweise bezüglich des durchgesetzten Stoffes von Wichtigkeit ist. Aus unserer Untersuchung sollen zunächst alle Maschinen und Apparate ausgeschlossen werden, die in einem Stoffkreis irgendeine Funktion erfüllen.

1.3
Durchdenken der Lösungsmöglichkeiten einer technischen Aufgabe

Damit ist das Thema zunächst auf die Festlegung der Wirkungsweise von Maschinen und Apparaten des Energieumsatzes beschränkt, und es ist noch zu überlegen, auf welchem wissenschaftlich einwandfreien Wege das Konstruieren als solches behandelt werden kann.

Es ist noch zu klären, was von der schöpferischen Konstruktionsarbeit wissenschaftlich einwandfrei darstellbar ist. An sich ist, wie schon Goethe feststellt, in der Kunst viel mehr erlernbar, als man gemeinhin annimmt und auch die eigentlichen Künste werden schließlich durch bestimmte Grundlagen und in „Schulen" gelehrt, bis der werdende Künstler einen eigenen Weg und Ausdruck gefunden hat. Bei der Darstellung des Erlernbaren des Konstruierens aber können wir nicht von Eingebungen und Gefühlen reden, sondern dürfen nur wissenschaftliche Überlegungen gelten lassen. Von Psychologen erfahren wir nun, daß an sich plötzliche Einfälle oft gerade das Kennzeichen schöpferischer Tätigkeit sind [19, 57]. Diese Einfälle lassen sich jedoch, besonders wenn es sich um Lösung von gestellten Aufgaben handelt, meist auf Übung oder ein vorbereitetes Durchdenken der Lösungsmöglichkeiten dieser Aufgabe zurückführen; denn schon beim Kinde ist die Trennung des Wesentlichen und Unwesentlichen durch Übung im Denken zu erzielen. Nur die Übung gestattet es, Lösungsschritte für einzelne Aufgaben zu überspringen. Das gilt genauso für Lebenssituationen, sicheres Auftreten in der Gesellschaft, wie beim Überspringen von Lösungsschritten in der Mathematik oder beim Schachspiel. Die intensive Beschäftigung mit den Dingen vermittelt Erscheinungsbilder oder Bilderreihen, die es z.B. großen Musikern ermöglichen, die zeitliche Aufeinanderfolge der Töne eines musikalischen Werkes in einem gleichzeitigen Gesamteindruck zeitlich aufgelöst zu verarbeiten und später das gehörte Stück richtig aufzuschreiben [92]. Selbstverständlich gehört außer der Fähigkeit zum Denken zur schöpferischen Leistung die Phantasie, deren Wirksamwerden sich nicht erklären läßt; denn „Unser redliches Bemühen glückt nur im unbewußten Moment" (Goethe).

Es wird sich also die darzustellende Methode auf das vorbereitende Durchdenken der Lösungsmöglichkeiten der technischen Aufgaben konzentrieren.

1.4
Wahl der Methode

Die Aufgabe, die wir uns also stellen, ist es zunächst, die große Mannigfaltigkeit der technischen Maschinen und Apparate zu analysieren. Um den Bereich der Untersuchung zu kennzeichnen, sollen eine Reihe von Maschinen und Apparaten genannt werden, die mit der darzustellenden Methode erfaßbar sind. Außer den Kraftmaschinen sollen Blocksysteme der Eisenbahn, Uhren, Regler, Blinkfeuerunterbrecher, Fernschreibmaschinen, automatische Kesselregelungen berücksichtigt werden, kurz, alle technischen Maschinen und Apparate, die der Umwandlung von Kräften und Bewegungen, allgemein der Energieumwandlung, in irgendeiner Form dienen.

Es ist nun noch die Frage zu stellen, ob nicht bereits in irgendeiner anderen Wissenschaft eine derartige Methode benutzt wurde. Eine gewisse Anregung bieten die Methoden der Botanik, die auch eine unendliche Mannigfaltigkeit von Pflanzen zu erfassen hat. In der Botanik wurden folgende Wege beschritten:

1. die Auswahl eines konstanten Merkmales, das bei allen Pflanzen vorhanden ist, nämlich die Zahl der Staubgefäße durch Linnè [69], nach der die Klasseneinteilung der Pflanzen erfolgt und
2. die vergleichende Betrachtung der Organe der Pflanzen in den einzelnen Lebensstadien, die morphologische Methode nach Goethe [36].

Durch die vergleichende Betrachtung findet man einen Weg zur Erkenntnis, wieweit die äußere Erscheinungsform einer Pflanze durch die Umwelt oder die spezielle Funktion gebildet worden ist. Diese Trennung von äußerer Form und Funktion hat sich besonders fruchtbar für die Klärung der Verwandtschaft der Pflanzen ausgewirkt. Die Idee der Urpflanze ist schließlich auch nichts Anderes, als die Zurückführung der realen Erscheinungen auf ein Bild, das nur in der Vorstellung existiert, dessen Abwandlungen aber nicht mehr beliebig sind, sondern mit anderen Worten die Festlegung der Möglichkeiten von Pflanzentypen innerhalb der einzelnen Gattungen bestimmt. Auch auf anderen Gebieten sind ähnliche Wege beschritten worden [72].

Wir werden also unsere Untersuchung in folgenden Stufen vornehmen:
1. Auswahl eines konstanten Merkmals für alle Maschinen und Apparate
2. Erfüllung der Grundfunktionen
   2.1 durch Anordnung mechanischer Elemente
   2.2 durch Anwendung eines physikalischen Effektes
3. Zusammenstellung der physikalischen Effekte
4. Zusammenstellung der Energiesysteme, in denen die Elemente zur Wirkung gebracht werden können
5. Grundsätzliche Zusammenstellungen von Maschinen und Apparaten
6. Übersicht über die Austauschmöglichkeiten

Unser Ausgangspunkt ist natürlich die Physik, die der Technik den bis zu irgendeiner Gesetzform geklärten physikalischen Effekt zur Verfügung stellt. Die Grundlagen sind die einzelnen Energiegesetze, insbesondere die Äquivalenz der einzelnen Energiearten der mechanischen, hydraulischen und elektrischen Energie.

Bei all diesen Überlegungen handelt es sich nicht allein um die Schaffung eines Ordnungssystems, es ist vielmehr so, daß dieses Ordnungssystem gleichzeitig die Vorstellung von den Dingen erweitert, besonders wenn zwischen Vorstellung und Anordnung Übereinstimmung besteht, wie das z.B. in der Chemie (Polymere) der Fall ist. Das gefundene Ordnungssystem ermöglicht die Übersicht über die Lösungswege und -möglichkeiten in einer viel fruchtbareren Form, als das die Kenntnis ähnlicher Aufgaben gestattet.

2 Funktion
der zur Anwendung gelangenden Mittel

2.1 Grundfunktionen
2.2 Erfüllung der Grundfunktionen durch die Anordnung
2.3 Erfüllung der Grundfunktionen durch physikalische Effekte

2.1
Grundfunktionen

Wir haben eingangs die Einschränkung gemacht, daß sich unsere Untersuchung zunächst nur auf die Maschinen und Apparate beziehen soll, die in irgendeiner Form in einem Energiekreis, d.h. zwischen Energiequelle und Energieverbraucher oder als solche eingeschaltet sind. An einem einfachen Beispiel soll nun eine Klärung der grundlegenden Begriffe erfolgen: Als Beispiel wird eine mechanische Energieübertragung gewählt, nämlich die Kraftübertragung durch die sogenannte Keilkette. In den Bildern 34–36 sind drehbare Gleitflächen dargestellt, die in ver-

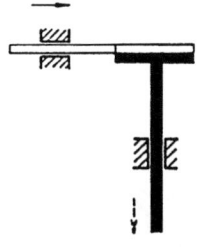

Bild 34
Keilkette
zur Bewegungsführung
oder Bewegungsleitung

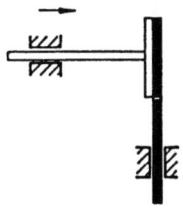

Bild 35

zur Bewegungshemmung
oder Bewegungssperrung

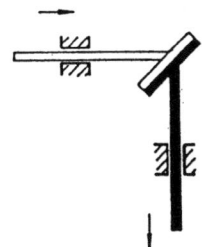

Bild 36

zur Bewegungsübertragung
oder Bewegungskopplung

58   2 Funktion der zur Anwendung gelangenden Mittel

schiedenen Lagen am Ende von Führungsstangen feststellbar sind. Die Führungsstangen sind selbst in Gleitlagern geführt. Die drehbaren Gleitflächen lassen sich in drei kennzeichnende Lagen bringen, in denen

1. die eine Gleitfläche für die andere eine Bewegungsführung oder -leitung, (Bild 34) darstellt oder
2. eine Bewegungshemmung oder -sperrung (Bild 35) oder
3. eine Bewegungsübertragung oder -kopplung (Bild 36)

darstellt. In jeder kennzeichnenden Lage erfüllen die Gleitflächen, d.h. dieselben mechanischen Mittel ganz verschiedene Funktionen bei der Energiefortleitung. Es können also mit den mechanischen Mitteln drei grundsätzliche Funktionen erfüllt werden, nämlich

    Energiefortleitung
    Energiesperrung
    Energiekopplung.

Daß die in dem speziellen Beispiel gefundenen Grundfunktionen allgemein anwendbar sind, ist nunmehr für die anderen Energiearten nachzuweisen.

2.2 Erfüllung der Grundfunktionen durch die Anordnung

In den Bildern 37–54 sind nun die Mittel zur Erfüllung der Grundfunktionen in einer der mechanischen ähnlichen Form auch für hydraulische und elektrische Kreise dargestellt.

Die mechanischen Beispiele sind durch die Anpassung in den anderen Energiearten etwas geändert, und zwar als Leitung ein Lager, als Sperrung ein Riegel und als Kopplung die gleiche ableitende Kopplung gezeichnet (Bild 37–39).

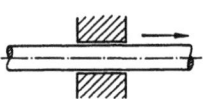

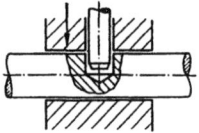

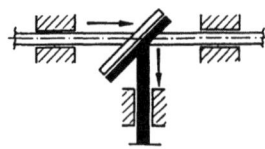

Bild 37
Mechanisch
Leitung

Bild 38

Sperrung (Riegel)

Bild 39

Kopplung

2.3 Erfüllung der Grundfunktionen durch die Anordnung

Hydraulisch ähnlich ist ein Rohr als Leitung, ein Hahn als drehbares Stück, Leitung oder Sperrung und eine Verzweigung oder Ableitung als Kopplung (Bild 40–42).

Das Gleiche ist elektrisch ein Stück isolierter Draht, ein drehbares Leitungsstück als Schalter und eine Leitungsverzweigung als Kopplung (Bild 43–45).

Aus den Bildern sind folgende Erkenntnisse ableitbar: Die Grundfunktionen sind in allen Energiearten gleich. Dieselben Mittel, die zur Fortleitung der Energie verwendet werden, lassen sich auch zu den anderen Grundfunktionen, d.h. zur Sperrung bzw. Kopplung verwenden. Es kommt bei den Mitteln nur auf die Anordnung an.

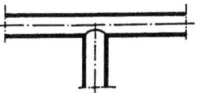

Bild 40
Hydraulisch:
Leitung
Rohr

Bild 41

Leitung/Sperrung
Hahn

Bild 42

Kopplung
Verzweigung/Ableitung

Bild 43
Elektrisch
Leitung
Draht

Bild 44

Leitung/Sperrung
Schalter

Bild 45

Kopplung
Verzweigung

In den folgenden Bildern 46–54 ist noch für die drei Energiearten dargestellt, daß selbst bei gleicher äußerer Erscheinungsform der technischen Mittel die drei verschiedenen Grundfunktionen erfüllt werden können.

Mechanisch: Es kann der mechanische Lenker als Leitung, Sperrung oder Kopplung verwendet werden (Bild 46–48).

Hydraulisch: Der Flügel in einem hydraulischen Strom als Führung (Leitfläche in einem Kanal), als Sperrung (Schalter einer Pelton-Turbine) und als Anströmfläche oder Kopplung (Bayer-Schwimmer-Messer) (Bild 49–51).

Elektrisch: Elektrisch dient der Kondensator als Leitung für Hochfrequenzströme, als Sperrung für niederfrequente Ströme und als Kopplung für statische Spannungen (Bild 52–54).

Die Verwendung der genau gleichen Mittel für verschiedene Funktionen ist natürlich nur möglich durch Unterschiede in der Bewegungsart (Bewegungsrichtung mechanisch und hydraulisch bzw. Bewegung Hochfrequenz, Niederfrequenz und Gleichspannung elektrisch).

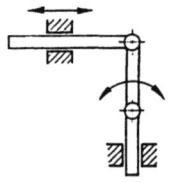

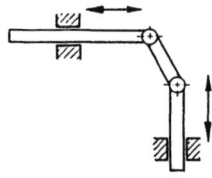

Bild 46
Mechanisch, Lenker
Leitung

Bild 47

Sperrung

Bild 48

Kopplung

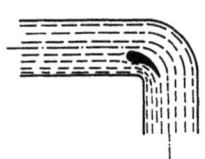
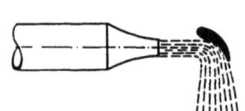
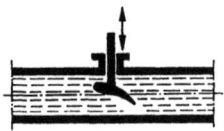

Bild 49
Hydraulisch, Flügel
Führung
Leitfläche in einem Kanal

Bild 50

Sperrung
Schalter einer Pelton-Turbine

Bild 51

Kopplung
Bayer-Schwimmer-Messer

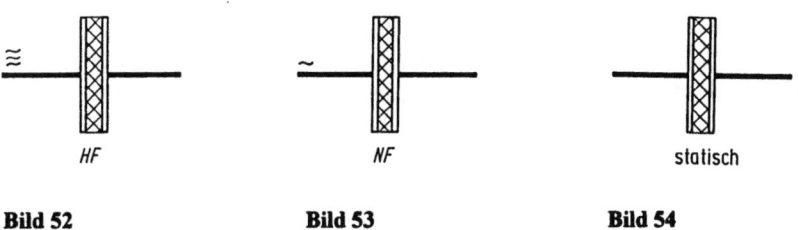

Bild 52
Elektrisch, Kondensator
Leitung
für hochfrequenten Strom

Bild 53

Sperrung
für niederfrequenten Strom

Bild 54

Kopplung
für statische Spannung

2.3 Erfüllung der Grundfunktionen durch physikalische Effekte

In den Bildern 34–36 zur Klärung der Grundfunktionen gibt es noch eine ausgezeichnete Lage, in der die Gleitflächen gegen die Waagrechte den Reibungswinkel einschließen. In diesem Fall wirkt, wie in den folgenden Bildern 55 und 56 dargestellt, die Keilkette in der einen Antriebsrichtung als Sperrung und in der anderen als Kopplung. Maßgeblich ist hier die Anwendung eines physikalischen

Bild 55 **Bild 56**
Mechanisch, Gleitflächen in ausgezeichneter Lage (Selbsthemmung)
Sperrung   Kopplung

2 Funktion der zur Anwendung gelangenden Mittel

Effektes, nämlich der Reibung, zur Erfüllung der Grundfunktionen. Nun soll noch in einer weiteren Figurenreihe gezeigt werden, wie der Effekt der Reibung in allen Energiearten als Leitung, Sperrung oder Kopplung zur Wirkung gebracht wird (Bild 57–65).

Mechanisch: Als mechanisches Beispiel wurde ein Kugellager als Leitung gewählt, bei dem die Reibung sehr klein wird, eine Bandbremse als Sperrung, bei der die Reibung möglichst groß gemacht wird. Bei dem Riementrieb als Kopplung zweier Wellen wird die Reibung auch so groß gemacht, daß der Schlupf möglichst klein ist (Bild 57–59).

Hydraulisch: Bei den entsprechenden hydraulischen Beispielen wird eine möglichst glatte Rohrleitung, eine Widerstandskapillare und eine Leitungsverzweigung gezeigt, in der die Mitnahme der einen Flüssigkeit durch die andere ebenfalls durch Reibung erfolgt (Bild 60–62).

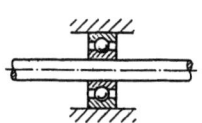 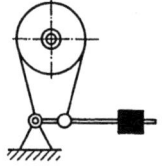 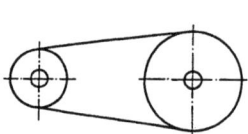

Bild 57
Reibung, mechanisch
Leitung
Kugellager

Bild 58

Sperrung
Bandbremse

Bild 59

Kopplung
Riementrieb

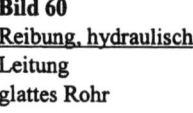  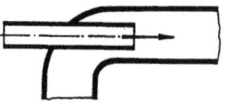

Bild 60
Reibung, hydraulisch
Leitung
glattes Rohr

Bild 61

Sperrung
Widerstandskapillare

Bild 62

Kopplung
Injektorpumpe

2.3 Erfüllung der Grundfunktionen durch physikalische Effekte

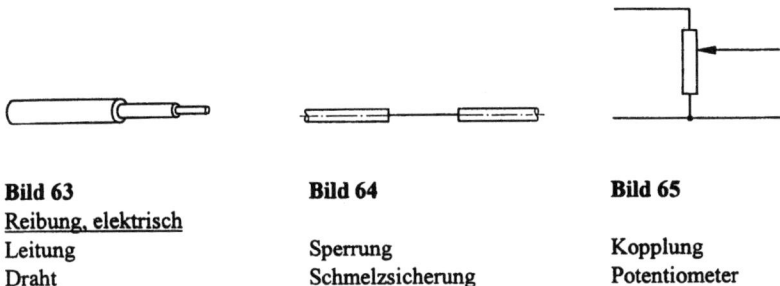

Bild 63
Reibung, elektrisch
Leitung
Draht

Bild 64

Sperrung
Schmelzsicherung

Bild 65

Kopplung
Potentiometer

Als elektrische Leitung wird ein möglichst gut leitendes Material gewählt, als Sperrung ist eine Schmelzsicherung gezeigt und als Kopplung eine Widerstandskopplung als die ein Potentiometer zu bezeichnen ist, an dem eine Spannung abgegriffen wird (Bild 63–65).

In all den gezeigten Beispielen liegt entsprechend der gleichen begrifflichen Betrachtungsweise der Energiearten derselbe physikalische Effekt, nämlich die Reibung zugrunde, die durch konstruktive Maßnahmen (z.B. bessere oder schlechtere Isolierung) groß oder klein gemacht wird und entsprechend zur Leitung, Sperrung oder Kopplung verwendbar ist. Es läßt sich also derselbe physikalische Effekt, wenn auch nicht in allen Fällen, zu den drei Grundfunktionen anwenden.

3 Physikalische Effekte

3.1 Statische Effekte
3.2 Dynamische Effekte
3.3 Spezielle Effekte
3.4 Verwendung zu den Grundfunktionen

3.1
Statische Effekte

Es ist nunmehr eine Übersicht zusammenzustellen, was es überhaupt für physikalische Effekte gibt und wie diese dann in technischen Maschinen und Apparaten zur Anwendung gebracht werden. Wie schon gesagt, ist die physikalische Betrachtungsweise der verschiedenen Energiearten gleich. In allen Energiearten werden statische und dynamische Anteile der Energie unterschieden, so daß wir statische und dynamische Effekte aufsuchen müssen. In den Bildern 66–74 sind Beispiele für die wesentlichen statischen Effekte dargestellt.

Effekte, die eine statische Kraft ergeben sind mechanisch ein Gewicht in einer bestimmten Höhe, hydraulisch der Bodendruck in einem Gefäß und elektrisch die mechanische Kraft zwischen zwei Kondensatorplatten bzw. die magnetische Kraft, mit der ein Naturmagnet ein Eisenteil anzieht (Bild 66–68).

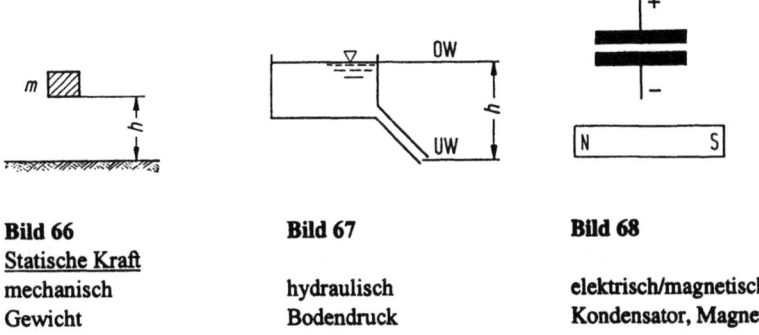

Bild 66
Statische Kraft
mechanisch
Gewicht

Bild 67

hydraulisch
Bodendruck

Bild 68

elektrisch/magnetisch
Kondensator, Magnet

3 Physikalische Effekte

Effekte, die eine statische Spannung ergeben, sind beispielsweise mechanisch die Spannung in einem gebogenen Stab, hydraulisch der Druck in einer (durch Quecksilber) zusammengedrückten Gassäule und elektrisch die Spannung eines aufgeladenen Kondensators (Bild 69–71).

Statische Reibung erfährt mechanisch ein Körper bei Verschiebung, hydraulisch die Flüssigkeit beim Durchströmen einer Kapillare und elektrisch der Strom in einem elektrischen Widerstandes (Bild 72–74).

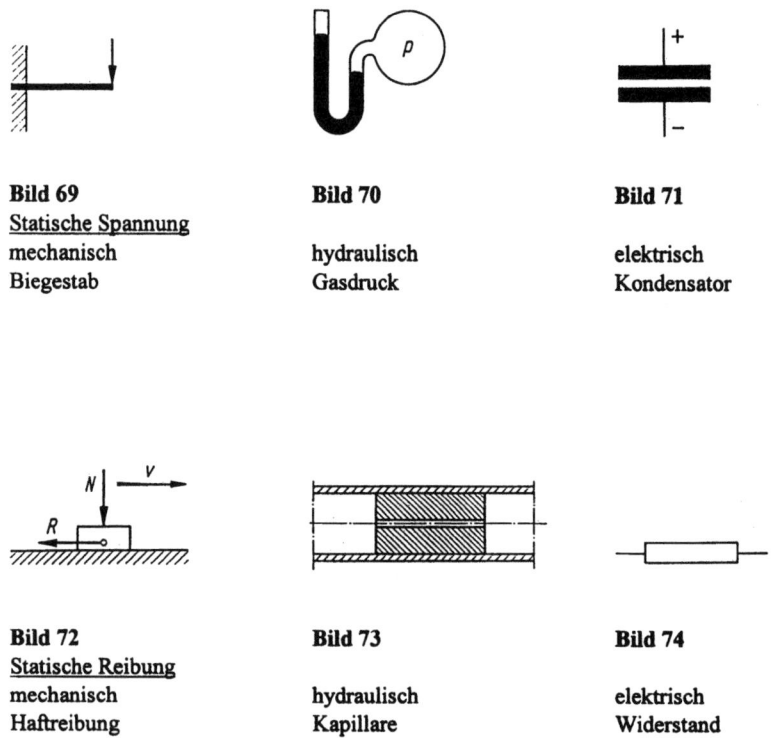

Bild 69
Statische Spannung
mechanisch
Biegestab

Bild 70

hydraulisch
Gasdruck

Bild 71

elektrisch
Kondensator

Bild 72
Statische Reibung
mechanisch
Haftreibung

Bild 73

hydraulisch
Kapillare

Bild 74

elektrisch
Widerstand

3.2 Dynamische Effekte

Die dynamischen Effekte lassen sich in der gleichen Weise ordnen und zwar eine mechanische Kraft als Zentrifugalkraft, eine hydraulisch-mechanische Kraft durch Anströmung einer Platte und eine elektro-mechanische Kraft durch einen Elektro-Magneten erzeugt (Bild 75–77).

3.2 Dynamische Effekte

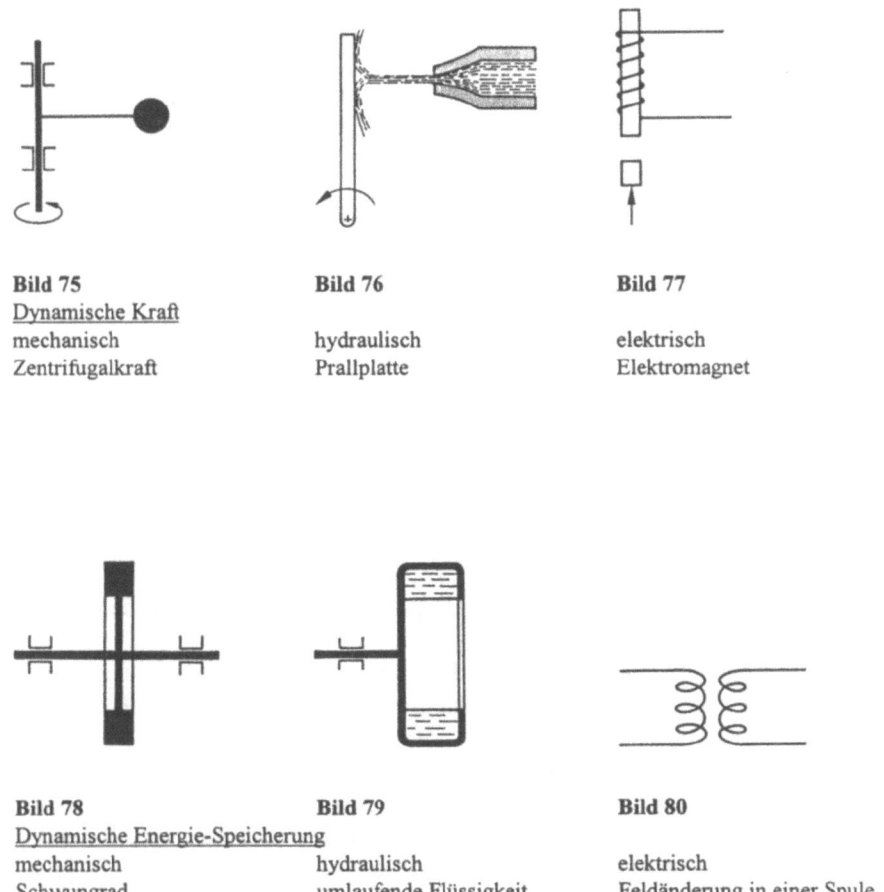

Bild 75
Dynamische Kraft
mechanisch
Zentrifugalkraft

Bild 76

hydraulisch
Prallplatte

Bild 77

elektrisch
Elektromagnet

Bild 78
Dynamische Energie-Speicherung
mechanisch
Schwungrad

Bild 79

hydraulisch
umlaufende Flüssigkeit

Bild 80

elektrisch
Feldänderung in einer Spule

Dynamische Energie wird in einem laufenden Schwungrad mechanisch, in einer umlaufenden Flüssigkeit hydraulisch und durch Feldänderung in einer Spule elektrisch gespeichert (Bild 78–80).

Als dynamische Reibung ist die turbulente Reibung einer Flüssigkeit an einer Drosselstelle, die elektrischen Wirbelströme in einer Aluminiumscheibe zu zeigen, die sich zwischen den Polen eines Magneten bewegt. Ein mechanisches Beispiel für die dynamische Reibung läßt sich nicht anführen, da im mechanischen Fall der dynamische Effekt und der Reibungseffekt zu trennen sind (Bild 81–82).

Die erläuterten Effekte werden auch in anderen als durch die Bilder gezeigten Anordnungen wirksam und sind nicht an das spezielle Beispiel gebunden.

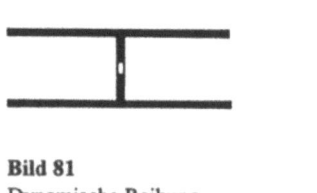

Bild 81
Dynamische Reibung
hydraulisch
Turbulenz

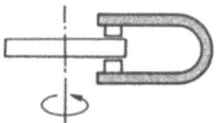

Bild 82

elektrisch
Wirbelstrom

3.3
Spezielle Effekte

Außer den grundlegenden Effekten gibt es noch eine große Anzahl von physikalischen Effekten, für die nur Beispiele gebracht werden können, um die Art dieser Effekte näher zu kennzeichnen.

Mechanische Beispiele sind die Kraft, erzeugt durch Längenänderung eines hygroskopischen Materials unter Einwirkung der Feuchte, die Kraft, erzeugt durch die Einwirkung von Wärme auf einen Bimetallstreifen und die Kraft, erzeugt durch Anlegen einer elektrischen Spannung an einen Piezoquarz (Bild 83-85).

Hydraulisch: Entsprechende hydraulische Effekte sind der Druck in einem Keilspalt, der Druck eines Gases in einem geschlossenen Behälter unter Einwirkung von Wärme, der Druckunterschied in den Schenkeln eines U-Rohres, die Wanderung der geladenen Flüssigkeit durch einen porösen Stopfen, die Elektro-Osmose (Bild 86-88).

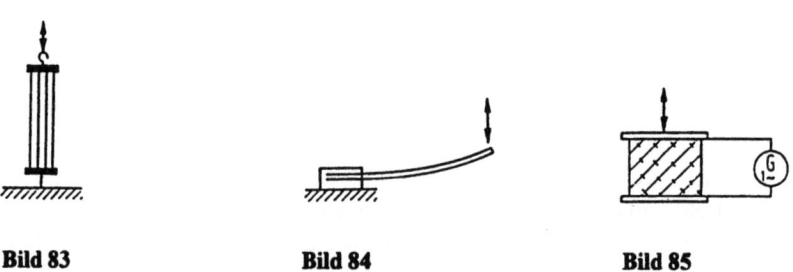

Bild 83 **Bild 84** **Bild 85**
Beispiele physikalischer Effekte, mechanisch, Krafterzeugung
hygroskopisch   Bimetallstreifen   Piezoeffekt

3.3 Spezielle Effekte

 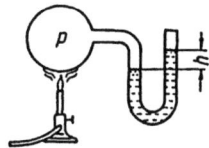 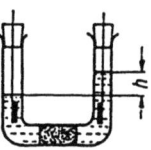

Bild 86   **Bild 87**   **Bild 88**
Beispiele physikalischer Effekte, hydraulisch, Druckerzeugung
im Keilspalt   Erwärmung   Elektroosmose

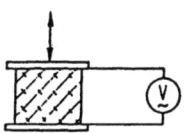 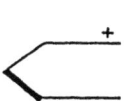 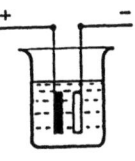

Bild 89   **Bild 90**   **Bild 91**
Beispiele physikalischer Effekte, elektrisch, Spannungserzeugung
Piezoeffekt   Thermoelement   elektrolytische Zelle

Entsprechende elektrische Effekte sind die Spannung an einem mechanischen Kräften ausgesetzten Piezoquarz (Umkehrung von Bild 85), die Spannung eines Thermoelementes, einer elektrolytischen Zelle (Bild 89–91).

In einer weiteren Bilderreihe sollen nun aus der Menge der elektrischen Effekte Beispiele angeführt werden, die Widerstandsänderungen in elektrischen Kreisen hervorrufen: Widerstandsänderung einer Säule aus Kohleplättchen unter Einfluß einer mechanischen Kraft, einer Drahtwendel unter Einfluß von Wärme oder durch Frequenzänderung des durchfließenden Wechselstromes (Bild 92–94).

Gerichtete Widerstände stellen Kupferoxidul-Kupfer oder elektrolytische Aluminium-Eisenzellen dar (Widerstand in einer Stromrichtung groß, in der anderen klein) (Bild 95–96).

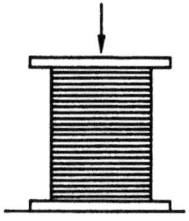
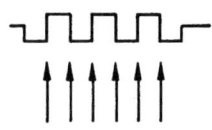

Bild 92 **Bild 93** **Bild 94**
Elektrische Widerstandsänderung
durch mechanischen Druck   durch Wärme   durch Frequenzänderung
auf Kohleplättchen   von Wechselstrom

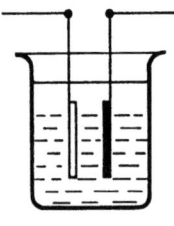

Bild 95 **Bild 96**
Gerichteter elektrischer Widerstand
Kupfer-Kupferoxidul   Aluminium-Eisen

3.4
Verwendung zu den Grundfunktionen

Es ist nun die Aufgabe, die gezeigten physikalischen Effekte zu Funktionen im Energiekreis zu verwenden, d.h. die Effekte in Anordnungen zur Wirkung zu bringen, die als Leitungen (Lagerungen), Sperrungen und Kopplungen dienen können. Wenn wir noch einmal die Bilder 34–36 betrachten, die die grundlegenden Anordnungen zur Erfüllung der Grundfunktionen zeigen, dann kann man sich leicht klarmachen, daß sich eine der Führungsstangen durch entsprechende Kräfte ersetzen läßt, die je nach der Richtung der Einwirkung als Leitung, Sperrung oder Kopplung wirken. Dazu lassen sich alle Effekte benutzen, die durch eine freie Kraft gekennzeichnet sind. In einer beschränkten Zahl von Bildern sollen nun hierfür Beispiele gebracht werden und zwar sollen sämtliche mechanischen Grundeffekte als Leitung und je ein statischer und dynamischer Effekt hydraulischer Art als Kopplung und elektrischer Art als Sperrung gezeigt werden.

Bild 97 zeigt eine Schneidenlagerung, deren Kraftschluß durch die Schwere gewährleistet wird, Bild 98 eine Spiegelaufhängung eines Meßinstrumentes, bei der die elastischen Aufhängedrähte verdrillt werden.

Bild 99 bringt die Führung einer Zwirnhülse auf einer Zwirnspindel durch Zentrifugalkraft, Bild 100 die Einstellung einer elastischen Welle mit einem Schwungrad in die freie Achse.

Als statische hydraulische Kopplung ist eine Membrane, als eine dynamische Kopplung der Tauchkörper eines Bayer-Schwimmermesser gezeichnet. Eine elektrostatische Sperrung stellt die Ladung des Gitters einer Elektronenröhre, eine dynamische Sperrung eine Drosselspule dar (Bild 101–104).

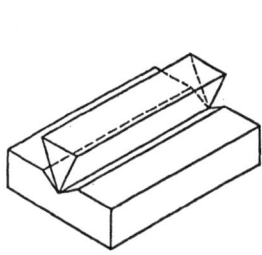

Bild 97
Leitung, mechanisch, statisch
Schneidenlagerung

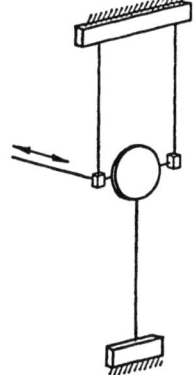

Bild 98

Spiegelaufhängung

3 Physikalische Effekte

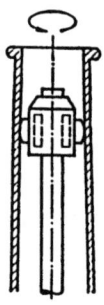

Bild 99
Leitung, mechanisch, dynamisch
Führung einer Zwirnhülse

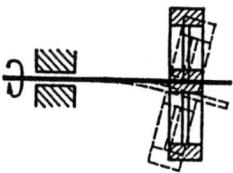

Bild 100

Schwungrad auf elastischer Welle

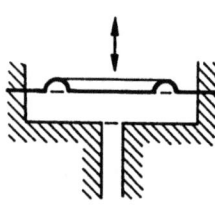

Bild 101
Kopplung, hydraulisch, statisch
Membran

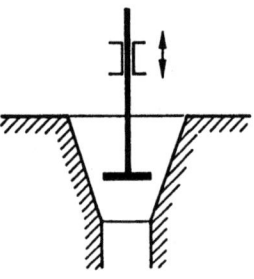

Bild 102
Kopplung, hydraulisch, dynamisch
Tauchkörper

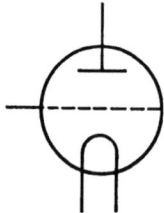

Bild 103
Sperrung, elektrisch, statisch
Gitter einer Elektronenröhre

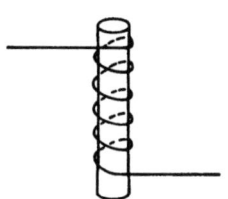

Bild 104
Sperrung, elektrisch, dynamisch
Drosselspule

Damit ist erst einmal der Übersicht halber gezeigt, wie die physikalischen Effekte zu den Grundfunktionen verwendbar sind, während es späteren Beispielen vorbehalten bleibt, weitere Einzelheiten zu klären. Es wird jedoch schon jetzt deutlich, daß man ganz systematisch Effekt und Funktion durchvariieren und allein schon auf diese Weise neue Anordnungen gewinnen kann.

4 Energiesysteme

4.1 Energiesysteme der Ruhe
    4.1.1 Ruhelagen in ruhenden Systemen
    4.1.2 Bewegungen in ruhenden Systemen
4.2 Energiesysteme in dynamischen Feldern
    4.2.1 Ruhelagen in dynamischen Feldern
    4.2.2 Bewegungen in dynamischen Feldern

Die bisher angeführten Grundelemente, d.h. die Sperrungen und Kopplungen werden mittels Leitungen zu Kreisen verbunden, in die in irgendeiner Form Energie eingeleitet wird. Es ist nun zu klären, was es überhaupt für Energiekreise gibt, um dann später die Anordnungsmöglichkeiten der Maschinenelemente in diesen Energiesystemen darzustellen und daraus die möglichen Maschinentypen abzuleiten. Von vornherein sind zu unterscheiden: Energiesysteme der Ruhe, etwa ein Gewicht in einer bestimmten Höhe und Energiesysteme der Bewegung, wie ein fallendes Gewicht.

4.1
Energiesysteme der Ruhe

4.1.1
Ruhelagen in ruhenden Systemen

Mechanisch: Als mechanisches Beispiel für die grundsätzlichen Typen wird ein Hebel gewählt, der mittels einer Feder gegen eine Auflage gedrückt wird. Wird der Hebel aus der Ruhelage entfernt, so hat die Feder das Bestreben, ihn gegen die Auflage wieder zurückzuziehen (Bild 105). Diese Ruhelage soll als Auflage oder Schlaglage bezeichnet werden.

In Bild 106 greift die Feder unterhalb des Drehpunktes an. Der Gewichtshebel befindet sich in der Schwinglage. Wenn er aus der Ruhelage gedrückt wird, hat die Feder das Bestreben, ihn jeweils in die Ursprungslage zurückzuziehen. Der Hebel kann jedoch über die Nullage hinaus schwingen, bis durch eine Dämpfung wieder Ruhe eingetreten ist. Diese Ruhelage soll mit Schwinglage bezeichnet werden.

4 Energiesysteme

In der dritten Anordnung (Bild 107) greift die Feder oberhalb des Drehpunktes des Hebels an. Der Hebel liegt gegen eine Auflage. Wird er von dieser Auflage abgehoben und bis zu einem bestimmten Punkte bewegt, dann kippt der Hebel und die Feder zieht den Hebel gegen eine andere Auflage auf der anderen Seite. Wesentlich ist, daß der Hebel sich über einen Kipp-Punkt hinweg bewegen kann. Diese Lage ist mit Kipplage zu bezeichnen. Alle Energiesysteme der Ruhe befinden sich in einer dieser drei kennzeichnenden Lagen und wenn sie aus der Ursprungslage heraus bewegt werden, bewegen sie sich in der angeführten Art.

Hydraulisch: Dieselben Ruhelagen lassen sich natürlich hydraulisch in der gleichen Weise auffinden, und zwar die Auflage als Flüssigkeitssäule, die Schwinglage als Flüssigkeitssäule in einem U-Rohr und die Kipplage als Kipprohr, das durch Ansaugen zum Kippen gebracht wird (Bild 108–110).

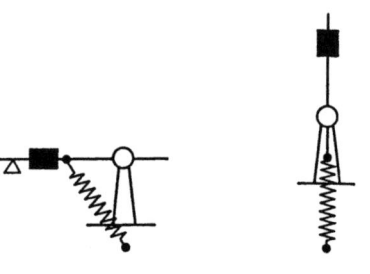

Bild 105   **Bild 106**   **Bild 107**
<u>Ruhelage in ruhendem System, mechanisch</u>
Auflage   Schwinglage   Kipplage

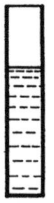
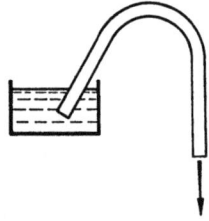

Bild 108   **Bild 109**   **Bild 110**
<u>Ruhelage in ruhendem System, hydraulisch</u>
Auflage   Schwinglage   Kipplage

4.1 Energiesysteme der Ruhe   77

Bild 111
Ruhelage in ruhendem System, elektrisch
Auflage
Kondensator

Bild 112

Kipplage
Kondensator

Elektrisch: Die entsprechenden elektrischen Beispiele sind ein Kondensator unter Spannung (Bild 111) und ein Kondensator mit Entladevorrichtung (Bild 112). Ein elektrisches Beispiel für die Schwinglage gibt es nicht.

Daß nun diese grundsätzlichen Typen von Ruhelagen nicht aus der Luft gegriffen sind sondern wirkliche praktische Bedeutung haben, wird noch für die drei Energiearten in einer besonderen Bilderreihe erläutert.

Mechanisch: Als mechanisches Beispiel sind die Zeiger von Meßinstrumenten dargestellt, die sich in diesen drei Ruhelagen befinden (Bild 113–115). Die Auflage als Ruhelage wird bei verhältnismäßig rohen Instrumenten verwendet, bei denen der Zeiger im Nullpunkt gegen einen Anschlag liegt. Beispiele dafür sind ein einfaches Manometer mit Bourdonrohr oder ein elektrisches Weicheiseninstrument. Meßinstrumente mit Zeigern in der Schwinglage sind beispielsweise Galvanometer. Instrumente mit Zeigern in der Kipplage sind z.B. Briefwaagen, in denen nur Tarifgruppen angegeben werden, so daß der Anzeiger nur zwei Tarifarten anzuzeigen hat. Weitere Beispiele hierfür sind Gut- und Ausschußlehren.

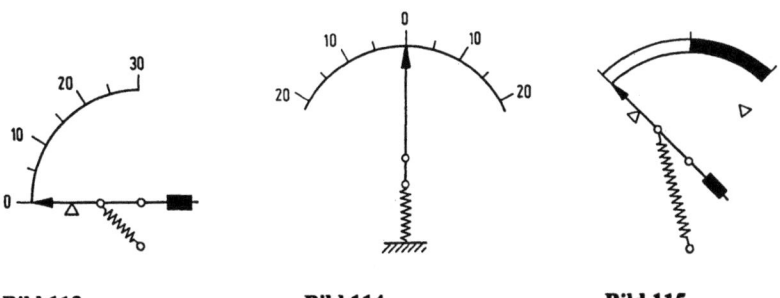

Bild 113
Ruhelage in ruhendem System, mechanische Beispiele
Meßgerät-Zeiger
Auflage

Bild 114

Meßgerät-Zeiger
Schwinglage

Bild 115

Meßgerät-Zeiger
Kipplage

78 4 Energiesysteme

Hydraulisch: Hydraulische Beispiele für diese Ruhelagen sind ein Druckmanometer durch Abschluß einer Gassäule innerhalb eines Rohres, das U-Rohr-Manometer und das Kipprohr, wie es in Gasanalyseapparaten für Schaltzwecke Anwendung findet (Bild 116–118).

Elektrisch: Als elektrische Beispiele dienen das Goldplättchen-Elektrometer als Hochspannungsvoltmeter oder die Funkenstrecke, bei der man als Maß für die Spannung den Abstand der Elektroden beim Übergang des Funkens nimmt (Bild 119, 120).

Bild 116 **Bild 117** **Bild 118**
Ruhelage in ruhendem System, hydraulische Beispiele
Auflage Schwinglage Kipplage
Druckmanometer U-Rohr-Manometer Kipprohr für Schaltzwecke

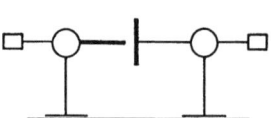

Bild 119 **Bild 120**
Ruhelage in ruhendem System, elektrische Beispiele
Auflage Kipplage
Goldplättchen-Elektrometer (Voltmeter) Funkenstrecke als Voltmeter

4.1.2
Bewegungen in ruhenden Systemen

Wie bereits angegeben, gibt es außer den Energiesystemen der Ruhe Energiesysteme der Bewegung, die nun ihrerseits auf drei ähnliche Typen zurückgeführt werden können.

Mechanisch: Als mechanisches Beispiel ist eine Kugel auf einer entsprechenden Bahn gewählt worden, und zwar soll die Bewegung einer Kugel auf einer schiefen Ebene als Fließbewegung bezeichnet werden, die als reibungslose Bewegung beschleunigt ist oder mit Widerstand gleichförmig verlaufen kann. Auf einer nach innen gekrümmten Bahn ist die Kugel in der Lage, eine Schwingungsbewegung auszuführen, während sie bei der nach außen gekrümmten Bahn über den Kipp-Punkt gebracht sich selbständig bewegt. Energiemäßig betrachtet ist das erste Beispiel eine ständige Verringerung der potentiellen Energie eines Speichers, das zweite Beispiel ein ständiger Wechsel der Energie zwischen einem statischen und dynamischen Speicher und die Kippbewegung ein Speichern von Energie bis zu einem gewissen Punkt, in dem ein plötzliches Absinken der Energie eintritt (Bild 121–123).

Hydraulisch: Hydraulisch entsprechen diesen Beispielen der Ausfluß aus einem Speicher, die Schwingungsbewegung einer Flüssigkeitssäule in einem U-Rohr und Ausfluß aus einem Gefäß mittels eines Kipprohres (Bild 124–126).

Elektrisch: Als elektrisches Beispiel können der Strom, der durch einen Widerstand fließt, die elektrische Schwingung zwischen einem Kondensator und einer Selbstinduktion und die Entladung eines Kondensators über eine Glimmlampe dienen (Bild 127–129).

In allen drei Fällen befindet sich die elektrische Energie in einem ähnlichen Bewegungszustand, wie bei den mechanischen Beispielen.

Bild 121   **Bild 122**   **Bild 123**
<u>Bewegung in ruhendem System, mechanisch</u>
Schlaglage   Schwinglage   Kipplage
Kugel auf schiefer Ebene   Kugel auf konkaver Bahn   Kugel auf konvexer Bahn

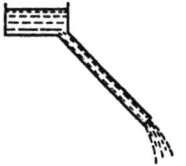  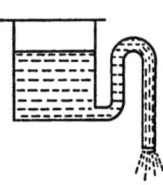

Bild 124
Bewegung in ruhendem System, hydraulisch
Schlaglage
Entleerung eines Speichers

Bild 125
Schwinglage
schwingende Flüssigkeitssäule

Bild 126
Kipplage
Ausfluß mittels Kipprohr

 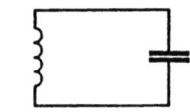 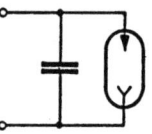

Bild 127
Bewegung in ruhendem System, elektrisch
Schlaglage
stromdurchflossener Widerstand

Bild 128
Schwinglage
Schwingkreis

Bild 129
Kipplage
Entladung eines Kondensators

4.2
Energiesysteme in dynamischen Feldern

4.2.1
Ruhelagen in dynamischen Feldern

Bisher wurden nur Energiesysteme in einem ruhenden System, vom Standpunkt der Erde also, betrachtet. Es gibt aber auch noch dynamische Systeme, in denen sich gleichfalls Ruhelagen und Bewegungen erzeugen lassen, die ihrerseits zu kennzeichnenden Systemen in gewissen Maschinen und Apparaten verwendet werden.

4.2 Energiesysteme in dynamischen Feldern

Mechanisch und hydraulisch lassen sich als dynamische Felder sehr einfach bewegte Systeme wie rotierende Apparate verwenden. Als Ruhelagen in diesen bewegten Systemen werden in der nächsten Figurenreihe (Bild 130–132) Gewichte gebracht, die auf einer rotierenden Stange frei beweglich sind. Im ersten gezeichneten Fall werden die Gewichte einfach bis an den Anschlag bewegt, durch den sie ihre Auflage als Sicherung gegen das Abschleudern erhalten (Bild 130). Im zweiten Beispiel (Bild 131) werden die Gewichte von einer Feder mit quadratischer Federkennlinie in einer Ruhelage gehalten, die der Schwinglage entspricht, während sie im dritten Beispiel (Bild 132) von einer Feder mit linearer Federkennlinie in der Kipplage gehalten werden.

Hydraulisch lassen sich diese Ruhelagen gleichfalls erzeugen als Auflage in einem rotierenden Rohr, als Schwinglage in einem umlaufenden Behälter, der mit Flüssigkeit gefüllt ist und als Kipplage in einem umlaufenden Rohr, in dem eine Flüssigkeit einen Gasraum abschließt, in dem das eingeschlossene Gas den linearen Gegendruck darbietet (Bild 133–135).

Analoge elektrische Beispiele sind in rein elektrischen Systemen zu erwarten.

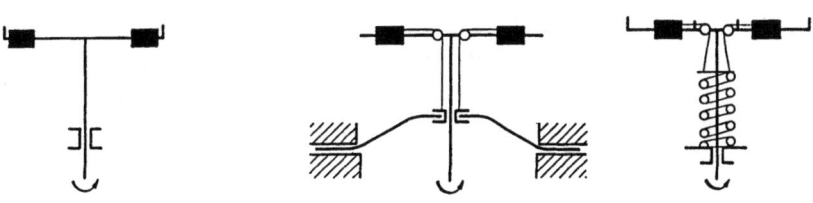

Bild 130 **Bild 131** **Bild 132**
Ruhelage in bewegtem System, mechanisch
Auflage Schwinglage Kipplage
Zentrifugalregulator Zentrifugalregulator Zentrifugalregulator
mit Anschlägen mit quadratischer Federkennlinie mit linearer Federkennlinie

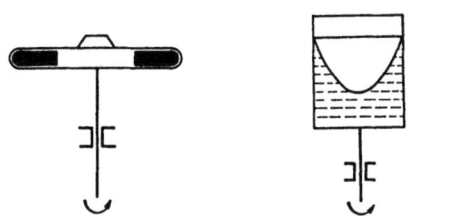 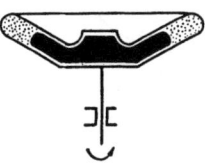

Bild 133 **Bild 134** **Bild 135**
Ruhelage in bewegtem System, hydraulisch
Auflage Schwinglage Kipplage
rotierendes Rohr rotierender Behälter Flüssigkeit und Gaspolster

4.2.2
Bewegungen in dynamischen Feldern

Ebenso wie die drei Ruhelagen in dynamischen Feldern, wie bei dem mechanischen Beispiel im Felde der Radialbeschleunigung, müßten sich auch die drei grundsätzlichen Bewegungen, die Fließ-, Schwing- und Kippbewegung in dynamischen Feldern verwirklichen lassen. Bekannt sind Bewegungen von schwingungsfähigen Systemen und Kreiseln in beschleunigten Fahrzeugen (Meßsysteme für die Beschleunigung), Fließbewegungen in Kreiselpumpen und hydrodynamischen Kupplungen, während elektrisch an Elektronenbewegungen in Magnetfeldern (Zyklotron) zu denken ist.

Damit haben wir nun sämtliche Typen von Anordnungen aufgesucht, in denen Energie irgendeiner Form zur Wirkung kommt. Alle Maschinen und Apparate aber stellen nun entweder Elemente dar, die irgendeine Funktion in diesen Energiekreisen erfüllen, stellen selbst Energiesysteme dar oder erfüllen Funktionen bei der Zufuhr von Energie zu diesen Energiekreisen.

Bisher haben wir die Energiesysteme in stationärem Zustand, d.h. in der Ruhe oder stetigen Bewegung betrachtet. Energiesysteme, die sich im Anlauf oder Auslauf befinden bzw. beschleunigten Bewegungen unterliegen, werden auch verschiedentlich, vor allen Dingen für Meßzwecke zur Anwendung gebracht. Auch der Stoß (mechanisch und elektrisch) wird im gleichen Sinne verwendet.

In den folgenden Bildern 136–138 sind die grundsätzlichen Anordnungen noch einmal rein formal dargestellt:

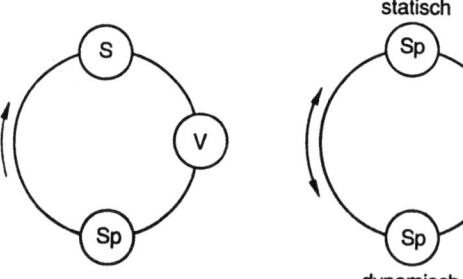

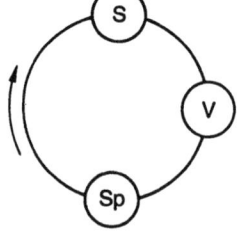

Bild 136
Systeme im Anlauf oder Auslauf.
Schlaglage
Speicher Sp, Sperrung S
Verbraucher V

Bild 137
Schwinglage
Pendeln zwischen statischer und dynamischer Energie

Bild 138
Kipplage
Speicher Sp, Kippschalter S
Verbraucher V

1. Das Entleeren eines Speichers über eine Sperrung zu einem Verbraucher. Als Speicher dienen physikalische Effekte, die es gestatten, potentielle oder dynamische Energie zu speichern (Schwungrad mit einer bestimmten Tourenzahl). Als Sperrung kommt ein Schaltorgan zur Anwendung, das den Fluß der Energie zu schalten oder in einem bestimmten Maße zu drosseln gestattet. Als Verbraucher kommt eine Kopplung in Frage, die durch Wandlung in eine Bewegung, eine Kraft oder durch Arbeitsleistung Energie verbraucht. Der Speicher kann durch eine Kopplung mit derselben oder einer anderen Energieart als Energiequelle ersetzt werden (Bild 136).
2. Ein schwingendes System durch Pendeln der Energie zwischen einem statischen und dynamischen Speicher. Darunter sind die früher gezeigten schwingungsfähigen Systeme zu verstehen, in denen Energie der Ruhe in Energie der Bewegung und umgekehrt verwandelt wird (Bild 137).
3. Das Kippsystem, gekennzeichnet durch eine Energiequelle z.B. einen Speicher, der über einen Kippschalter absatzweise einem Verbraucher zugeführt wird (Bild 138).

In Wirklichkeit müssen diese Kreise immer eine zusätzliche Energiezufuhr erhalten, um die unvermeidlichen Reibungsverluste oder die abgegebene Leistung zu decken. Die Grundelemente werden also so zusammengeschaltet, daß sie ein ruhendes oder bewegtes Energiesystem darstellen oder den „Antrieb" eines solchen Systems, wenn wir die Kombination der Elemente zur Zuführung von Energie zu Energiekreisen als Ersatz für die Reibungsverluste oder andere Energieabgabe so bezeichnen wollen.

Bevor wir nun an die systematische Kombination der Elemente gehen, soll erst noch festgestellt werden, welche Anordnungen grundsätzlich möglich sind.

5 Anordnungsmöglichkeiten der Elemente

5.1 Leitungskreise
5.2 Schaltertypen
5.3 Kopplungsanordnung

5.1
Leitungskreise

Um die Elemente zu Energiesystemen zu verbinden, wird eine „Schaltung" dieser Elemente vorgenommen, für die es folgende grundsätzliche Möglichkeiten gibt:

1. Durch Aneinanderreihen oder Hintereinanderschalten der Elemente in einem einfachen Kreis.
2. Durch Parallelschalten der Elemente in einem verzweigten Kreis, den man sich aus zwei einfachen Kreisen entstanden denken kann.
3. Durch Verdoppeln des verzweigten Kreises zum sogenannten Brückenkreis.

In den Bildern 139–141 sind die entsprechenden Schemata dargestellt, während in der folgenden Bilderreihe als Beispiel die Schaltung eines elektrischen Kreises gezeigt wird. Bild 142 stellt die Schaltung eines Amperemeters, Bild 143 die Schaltung eines Voltmeters und Bild 144 die bekannte Brückenschaltung zur Bestimmung von Widerständen dar.

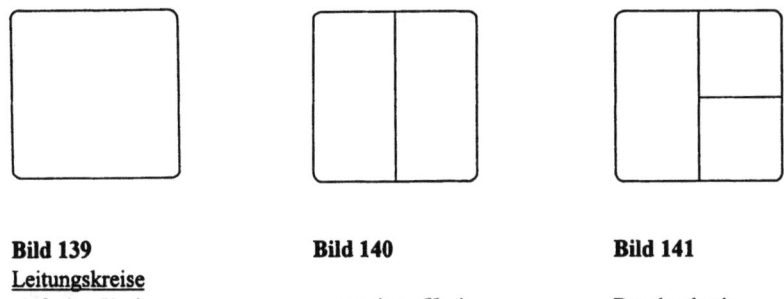

Bild 139
Leitungskreise
einfacher Kreis

Bild 140

verzweigter Kreis

Bild 141

Brückenkreis

86 5 Anordnungsmöglichkeiten der Elemente

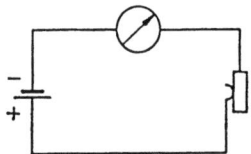 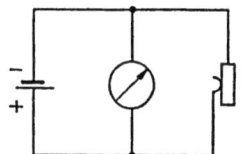 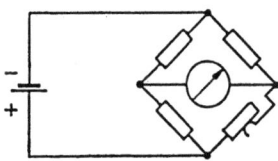

Bild 142 **Bild 143** **Bild 144**
Leitungskreise, elektrisch, Anwendung
einfacher Kreis   verzweigter Kreis   Brückenkreis
Amperemeter   Voltmeter   Ohmmeter

Daß diese bekannten elektrischen Kreise auch in anderen Energiearten zur Anwendung kommen, soll in den folgenden Bildern 145–153 gezeigt werden. Als mechanisches Beispiel ist die einfache Hintereinanderschaltung zweier mechanischer Leitungsstücke (Bild 145), eine Leitungsverzweigung über ein Differential (Bild 146) und ein Brückenkreis in Form einer Leitungsverzweigung und deren Wiederzusammenfassung (Bild 147) dargestellt, der noch durch eine Meßvorrichtung zur Feststellung der Differenz-Tourenzahl ergänzt werden müßte, um den vollständigen Brückenkreis zu ergeben. Diese Anordnung ermöglicht es, die Drehzahl an einem Leitungsstück heraufzusetzen und somit ein zwischengeschaltetes Getriebe, z.B. ein stufenlos veränderlich hydraulisches Getriebe, entsprechend zu verkleinern.

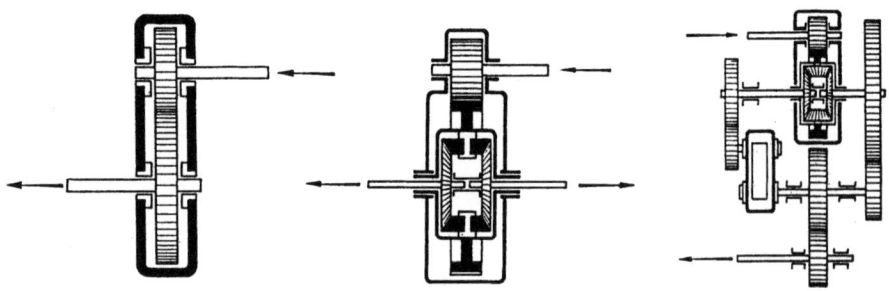

Bild 145 **Bild 146** **Bild 147**
Leitungskreise, mechanisch, Anwendung
einfacher Kreis   verzweigter Kreis   Brückenkreis
(Hintereinanderschaltung) (Verzweigung)   Leitungsverzweigung und
Zahnradstufe   Differentialgetriebe   Wiederzusammenfassung

5.1 Leitungskreise

Als hydraulisches Beispiel werden der Gräfe-Strömungsmesser in einem einfachen Kreis (Bild 148) und das Herabziehen des Flüssigkeitsstandes eines Trommelkessels zum Heizerstand durch einen verzweigten Kreis (Bild 149) angeführt. Die Schaffung eines konstanten Flüssigkeitsniveaus gegenüber dem Stand im Kessel geschieht durch Kondensation von Dampf in einem Nebenbehälter, der durch Überlauf mit der Kesseltrommel verbunden ist. Die Schwankungen des Wasserstandes werden mit einer Quecksilbersäule sichtbar gemacht. Der Brückenkreis findet Verwendung zur Dichtemessung eines Gases bei Union-Dichtemessern. Es findet ein Vergleich der Druckverluste statt durch eine Kapillare und dahintergeschaltete Drosselstelle sowie eine Gegenschaltung der gleichen Widerstände (Bild 150).

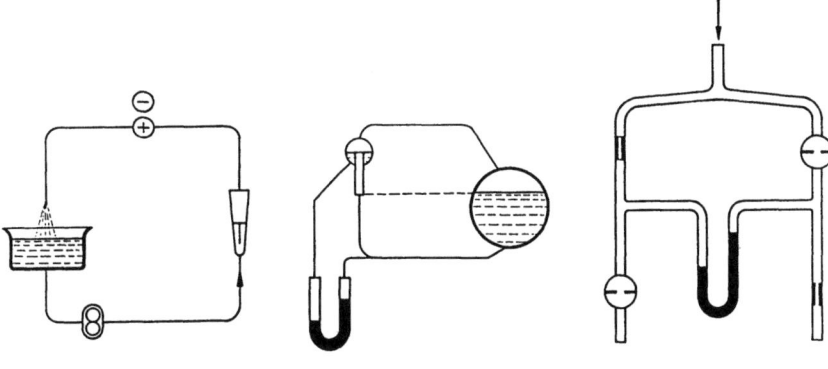

Bild 148   **Bild 149**   **Bild 150**
Leitungskreise, hydraulisch, Anwendung
einfacher Kreis   verzweigter Kreis   Brückenkreis
Gräfe-Strömungsmesser   Wasserstandsmesser   Union-Dichtemesser

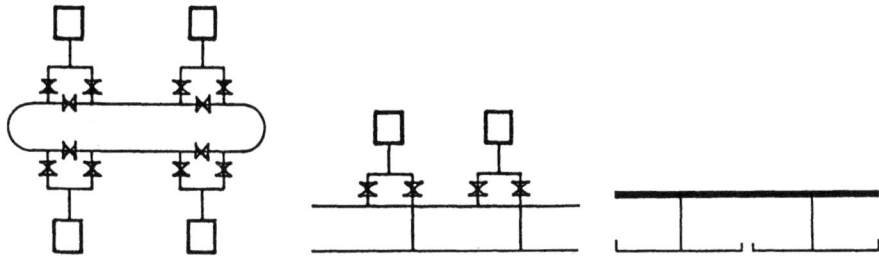

Bild 151   **Bild 152**   **Bild 153**
Leitungssysteme, praktische Beispiele
Ringleitungssystem   Sammelschienensystem   Speiseleitungssystem

88 5 Anordnungsmöglichkeiten der Elemente

In der Bilderreihe 151–153 sind noch weitere Leitungssysteme der Praxis dargestellt, und zwar ein Ringleitungssystem, ein Sammelschienen- und ein Speiseleitungssystem. Alle drei Systeme werden bevorzugt in der Elektrotechnik und in der Führung von Dampfleitungen angewendet. Es gibt aber auch mechanische Beispiele, beispielsweise für das Speiseleitungssystem, wenn es sich darum handelt, eine Vielzahl von Walzen, die alle mit Zahnrädern gekoppelt sind, anzutreiben. In diesem Fall wird die Antriebsenergie den gruppenweise zusammengefaßten Walzen durch eine besondere Welle zugeführt.

5.2 Schaltertypen

Entsprechend den Leitungskreisen sind auch verschiedene Schalterformen zu unterscheiden, die an hydraulischen und elektrischen Beispielen (Bild 154–159) erläutert werden sollen. Der einfache Schalter schließt oder öffnet einen Leitungskreis, ein Umschalter wählt den einen oder anderen Zweig eines verzweigten Kreises und der Wendeschalter kehrt die Strömungsrichtung eines geschlossenen Kreises um, eine Schaltung, die beispielsweise bei Dampfmaschinen oder Kolbenwassermessern zur Anwendung gelangt. Die entsprechenden elektrischen Schaltungen bedürfen keiner näheren Erläuterung.

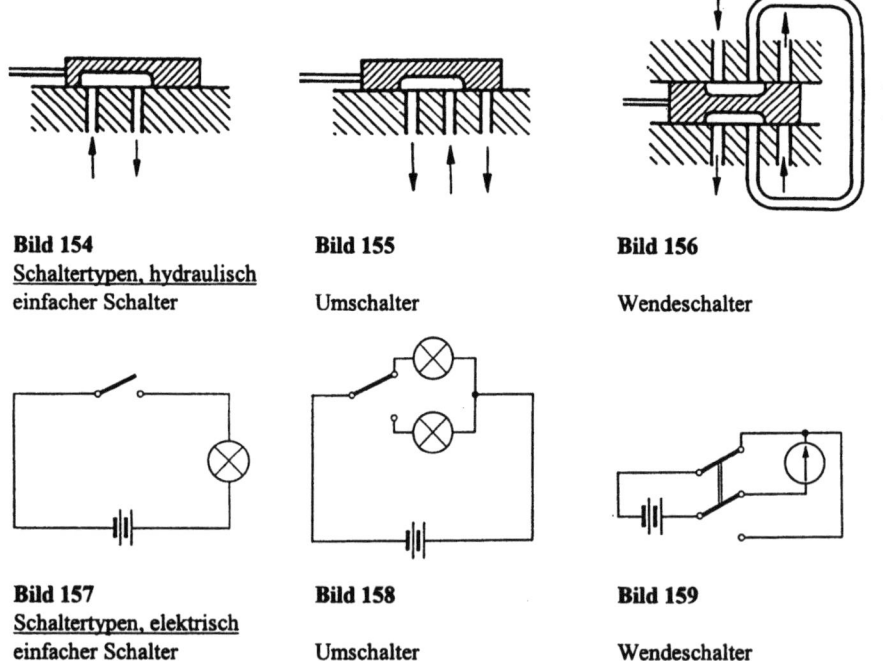

Bild 154
Schaltertypen, hydraulisch
einfacher Schalter

Bild 155
Umschalter

Bild 156
Wendeschalter

Bild 157
Schaltertypen, elektrisch
einfacher Schalter

Bild 158
Umschalter

Bild 159
Wendeschalter

5.3 Kopplungsanordnung

Wenn wir uns Kopplungen als mechanische Kräfte vorstellen, dann müssen wir drei Anordnungsmöglichkeiten unterscheiden, durch die diese Kräfte zur Wirkung kommen können, und zwar erzeugt eine in immer gleichem Richtungssinn wirkende Kraft eine Fließbewegung (Bild 160). Eine hin- und hergehende Bewegung ist durch eine Wechselkraft (Bild 161) oder zwei in entgegengesetztem Sinne wirkende Gegenkräfte (Bild 162) zu erzeugen, während zum Hervorrufen einer Drehbewegung drei nacheinander wirkende Kräfte von verschiedenem Richtungssinn (z.B. um 120° versetzte Kräfte) erforderlich sind (Bild 163). Beispiele hierfür sind das Schienenfahrzeug (Bild 164), der Signalantrieb (Bild 165 und 166) und ein Schubkurbelgetriebe (Bild 167).

Eine der drei Kräfte zur Erzeugung einer Drehbewegung wird im Maschinenbau meist durch die Trägheit eines Schwungrades ersetzt. Ähnliche Beispiele lassen sich auch in den anderen Energiearten aufsuchen. Erwähnt sei der Gleichstrom, Wechselstrom und Drehstrom. Der Drehstrom erzeugt in entsprechenden Kopplungen drei um 120° versetzte getrennte Wendekräfte, die leicht zur Hervorrufung einer Drehbewegung vereinigt werden können. Die Kenntnis dieser Bewegungsformen und die dazu benötigte Kräfteanordnung ist aber ein wichtiger konstruktiver Gesichtspunkt für den Aufbau der Maschinen und Apparate.

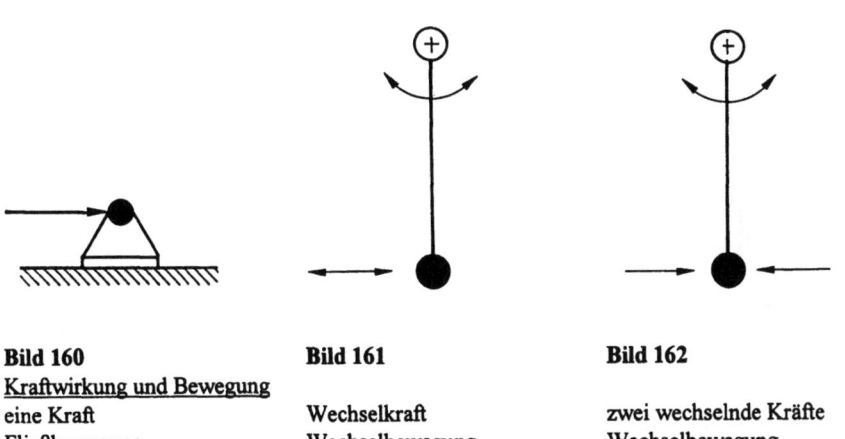

Bild 160
Kraftwirkung und Bewegung
eine Kraft
Fließbewegung

Bild 161
Wechselkraft
Wechselbewegung

Bild 162
zwei wechselnde Kräfte
Wechselbewegung

90 5 Anordnungsmöglichkeiten der Elemente

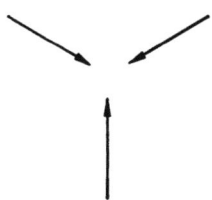

Bild 163
Kraftwirkung und Bewegung
drei wechselnde Kräfte
Drehbewegung

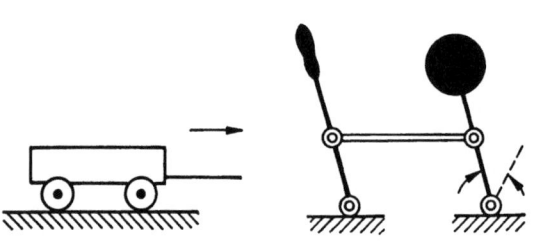 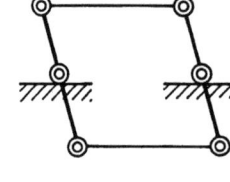

Bild 164   **Bild 165**   **Bild 166**
Kraftwirkung und Bewegung, Beispiele
Fließbewegung   Wechselbewegung   Wechselbewegung
Schienenfahrzeug   Signalantrieb durch Stange Signalantrieb durch Drähte

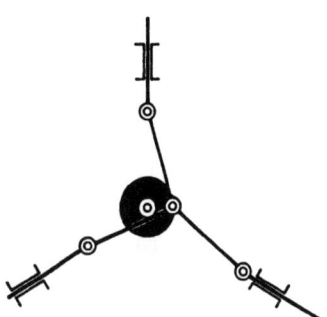

Bild 167
Kraftwirkung und Bewegung, Beispiele
Drehbewegung
Schubkurbelgetriebe

5.3 Kopplungsanordnung

Eine weitere Variationsreihe ergibt sich am Beispiel des Gelenkvierecks (Bild 168) mit fester Koppel. Durch Einfügen einer Schlupfmöglichkeit in diese Koppel (Reihenschlupf Bild 169) oder durch ein besonderes Gelenk, das durch eine Feder versteift wird (Zweigschlupf Bild 170) kann die feste Kopplung zum Teil aufgehoben werden, z.B. beim Überschreiten einer bestimmten Kraft. Zwanglauf, Reihenschlupf und Zweigschlupf stellen grundsätzliche Kopplungstypen dar [29, 30].

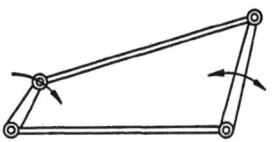 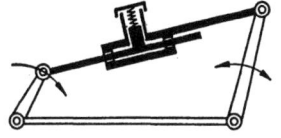 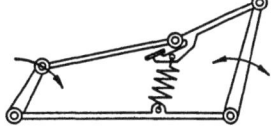

Bild 168
Kraftübertragung durch Gelenkviereck,
feste Koppel
mit Zwanglauf

Bild 169

Koppel
mit Reihenschlupf

Bild 170

Koppel
mit Zweigschlupf

6 Die Ausbildung der technischen Mittel

6.1 Die Elemente und ihre Mehrfachkombination
    6.1.1 Leitungen
    6.1.2 Schalter und Mehrfachschalter
    6.1.3 Kopplungen und Mehrfachkopplungen
    6.1.4 Doppelfunktionen
    6.1.5 Selbsttätige Sperrungen und Kopplungen
6.2 Kombinationen von Schaltern und Kopplungen
    6.2.1 Geschaltete Kopplungen
    6.2.2 Gekoppelte Schalter
    6.2.3 Selbststeuernde Schalter
6.3 Kombinationen von Schaltern, Kopplungen und Energiesystemen
    6.3.1 Angetriebene ruhende Systeme
    6.3.2 Selbststeuernde ruhende Systeme
    6.3.3 Angetriebene bewegte Systeme
    6.3.4 Selbststeuernde bewegte Systeme
6.4 Allgemeine Kombinationen
    6.4.1 Das Relais von Kieback & Peters
    6.4.2 Fernschreibmaschine
    6.4.3 Askania-Stromwaage
    6.4.4 Fallbügelregler
    6.4.5 IG.-Pumpen für Gasmeßgeräte

Bisher haben wir folgende allgemeine konstruktive Gesichtspunkte gefunden, die uns zur Ausbildung der technischen Mittel der Praxis zur Verfügung stehen: Die technischen Mittel, die zur Erfüllung der Grundfunktionen dienen, lassen sich durch spezielle Anordnung bestimmter Teile oder durch die Verwendung physikalischer Effekte ausbilden. Die grundlegenden Mittel lassen sich nach den angegebenen Gesichtspunkten über die oben dargestellten Anordnungsmöglichkeiten zusammenstellen und insgesamt in einem der weiter oben erwähnten Energiesysteme zu gemeinsamer Wirkung bringen. Wenn wir uns also eine Übersicht über sämtliche Maschinen- und Apparatetypen, soweit sie in einem Energiekreis zur Anwendung gelangen, ableiten wollen, dann müssen wir nur die entsprechenden Kombinationen nach den allgemeinen Gesichtspunkten vornehmen. Dazu wollen wir eine ganz systematische Beispielsreihe zeigen, bei der immer wieder dieselben Elemente in neuer Kombination verbunden werden. Zu diesen grundlegenden Typen suchen wir dann in anderen Energiearten und nach anderen Gesichtspunkten Beispielgruppen auf.

6.1
Die Elemente und ihre Mehrfachkombination

6.1.1
Leitungen

Zuerst einmal müssen wir die tatsächliche Ausführung verschiedener Leitungsarten zur Darstellung bringen. In den Bildern 171–173 sind die einfachen Leitungen, und zwar Prisma auf einer Platte (Bild 171), Zylinder bzw. Kugel in der entsprechenden Gegenaussparung (Bild 172–173) gezeigt. Die drei Ausführungen haben 1, 2 und 3 Freiheitsgrade.

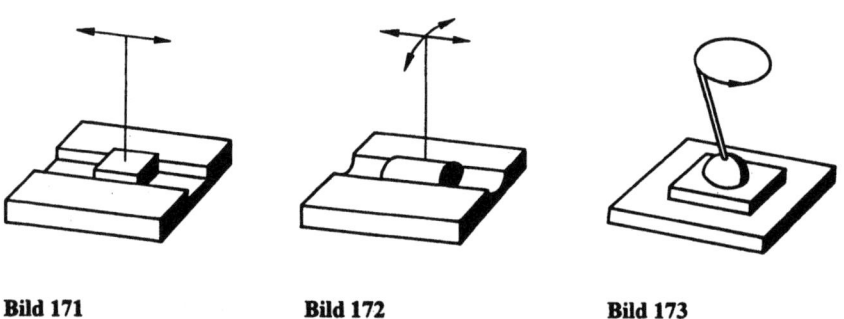

Bild 171   **Bild 172**   **Bild 173**
Einfache Leitungen (Gelenke, Elementenpaare)
Freiheitsgrad 1   Freiheitsgrad 2   Freiheitsgrad 3

In den folgenden Bildern werden ein Ringschmierlager (Bild 174), das Michell-Lager mit den sich selbst einstellenden Keilspalten (Bild 175), die Spitzenlagerung eines Zahnrades (Bild 176) und ein Kugellager (Bild 177) gezeigt.

Damit soll die Mannigfaltigkeit der äußeren Erscheinungsformen gekennzeichnet werden, denn alle gezeigten Anordnungen dienen derselben Funktion. Dasselbe gilt von den hydraulischen Leitungen (Bild 178–181), und zwar dem Schlauch als bewegliche Leitung (Bild 178), dem offenen Kanal (Bild 179), dem Hochdruckrohr (Bild 180) und dem Luftkanal mit eingebauten Leitblechen (Bild 181).

6.1 Die Elemente und ihre Mehrfachkombination

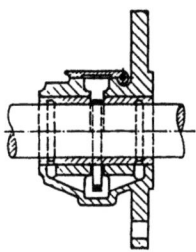

Bild 174
Leitungen (Lager) mechanisch, Beispiele
Ringschmierlager (Gleitlager)

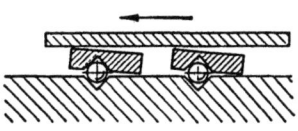

Bild 175

Michell-Lager

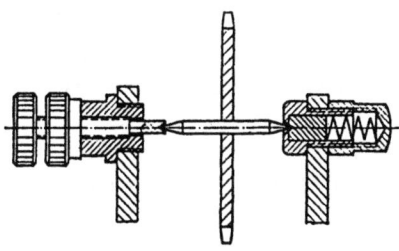

Bild 176
Leitungen (Lager) mechanisch, Beispiele
Spitzenlagerung

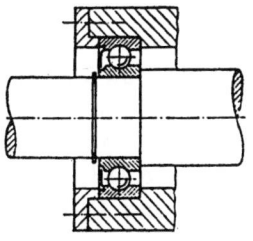

Bild 177

Kugellager (Wälzlager)

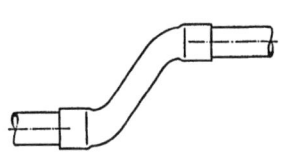

Bild 178
Leitungen, hydraulisch, Beispiele
bewegliche Leitung (Schlauch)

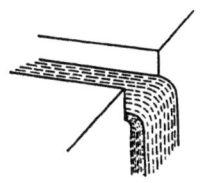

Bild 179

offener Kanal (Rinne)

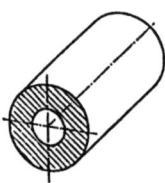

Bild 180
Leitungen, hydraulisch, Beispiele
Hochdruckrohr

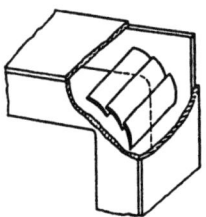

Bild 181

Luftkanal mit Leitblechen

Auch elektrisch sind die verschiedenartigsten Leitungen möglich, die sich aus bestimmten grundsätzlichen Wirkungen ergeben. Es werden der metallische Leiter (Bild 182), die elektrolytische Leitung einer Zelle (Bild 183), die Elektronenleitung im Hochvakuum (Bild 184) und die elektrische Leitung eines Gases im Lichtbogen (Bild 185) gezeigt.

Weitere Beispiele sind ein Leiterkabel (Bild 186), eine Freileitung (Bild 187), ein Fernmeldekabel (Bild 188) und ein Fernsehkabel (Bild 189), um einmal die Variationen innerhalb einer Type, nämlich der elektrischen Leitung näher zu erläutern. Die Mehrfachanordnung von Leitungssystemen, allerdings gleich in Verbindung mit den entsprechenden Schaltern sind z.B. die Wählerschränke in Fernsprechämtern. Die Mehrfachausnutzung von Leitungen ist mehr eine Angelegenheit der Schaltmittel für das Umschalten und Überlagern und hat höchstens einen Einfluß auf die Anordnung, beispielsweise der Drähte in einem Kabel. Die Schaltmittel zur Mehrfachausnutzung werden später besonders erwähnt.

Bild 182
Leitungen, elektrisch, Beispiele
metallischer Leiter

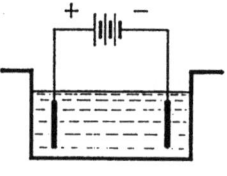

Bild 183

elektrolytische Leitung

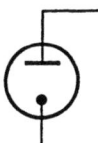

Bild 184
Leitungen, elektrisch, Beispiele
Elektronenleitung im Hochvakuum

Bild 185

Lichtbogen

Bild 186
Leitungen, elektrisch, Beispiele
Leiterkabel

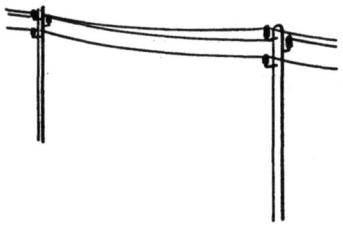

Bild 187

Freileitung

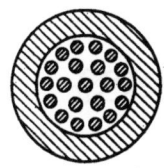

Bild 188
Leitungen, elektrisch, Beispiele
Fernmeldekabel

Bild 189

Fernsehkabel

6.1.2
Schalter und Mehrfachschalter

Im folgenden werden nun die entsprechenden praktischen Ausführungen von Sperrungen dargestellt, und zwar zuerst die mechanischen Sperrungen in Form eines Sperrades (Bild 190), einer Bremse (Bild 191), einer Tastenverriegelung (Bild 192) und eines Morsekegels (Bild 193).

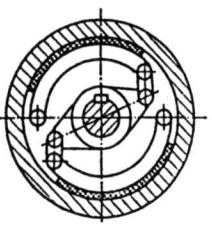

Bild 190
Einfache Sperrungen, mechanisch, Beispiele
Sperrad

Bild 191

Bremse

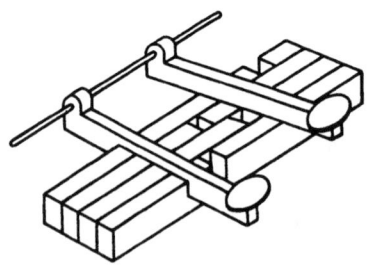

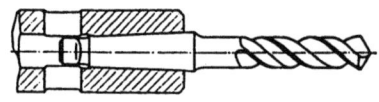

Bild 192
Einfache Sperrungen, mechanisch, Beispiele
Tastenverriegelung

Bild 193

Morsekegel

6.1 Die Elemente und ihre Mehrfachkombination

Außer der Mehrfachanordnung der Tastenbetätigung sollen noch einige andere Mehrfachsperrungen gezeigt werden, und zwar ein Zylinderschloß (Bild 194), der Buchstabe einer Linotypemaschine (Bild 195) und eine Hollerithkarte (Bild 196). Mit der Anordnung eines Zylinderschlosses lassen sich schon Wählaufgaben lösen, z. B. kann man es einrichten, daß ein Hauptschlüssel überall schließt und Nebenschlüssel nur in begrenzten Bereichen schließen. Die Mehrfachsperrungen eines Linotype-Buchstabens dienen zum Einsortieren dieses Buchstabens in das entsprechende Buchstabenmagazin. Auf die Verwendung einer Lochkarte für Sortier-, Schreib- und Druckarbeiten kann hier nicht näher eingegangen werden. Auch in der gesamten Textilindustrie werden die Lochkarten zur Herstellung von Mustern, z.B. auf Jacquard-Stühlen oder Strickautomaten ganz allgemein verwendet.

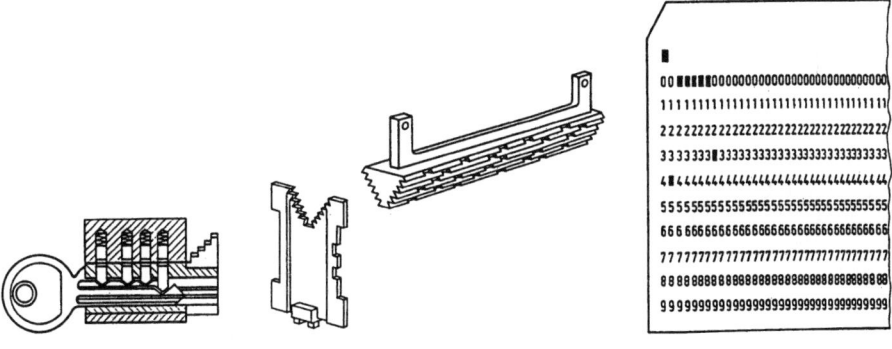

Bild 194   **Bild 195**   **Bild 196**
Mehrfachsperrungen, mechanisch, Beispiele
Zylinderschloß   Buchstabe einer Linotypemaschine   Hollerithkarte (Lochkarte)

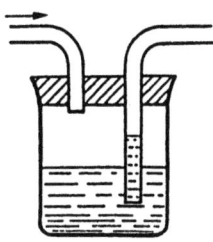

Bild 197   **Bild 198**
Sperrungen, hydraulisch, Beispiele
einfacher hydraulischer Schalter   Klemmschlauch

100 6 Die Ausbildung der technischen Mittel

Als hydraulische Beispiele werden ein einfacher hydraulischer Schalter (Bild 197), der Klemmschlauch (Bild 198), ein Ventil (Bild 199) und ein Strahlrohr (Bild 200) gezeigt.

Elektrische Beispiele sind der einfache Kontakt (Bild 201), ein Hochspannungs-Lastschalter (Bild 202), eine gittergesteuerte Elektronenröhre (Bild 203) und ein Hochspannungs-Trennschalter (Bild 204).

Weitere Beispiele für Sperrungen sind selbsttätige Sperrungen, wie die Keilkette innerhalb eines Reibungswinkels (Bild 205), die wie schon erwähnt, in der einen Richtung als Sperrung und in der anderen als Kopplung wirkt. Im hydraulischen Bereich etwa die Drosselspirale (Bild 206), die in einer Richtung einen erheblich größeren hydraulischen Widerstand hat als in der anderen. Das gleiche gilt für die elektrische Sperrschichtzelle (Bild 207).

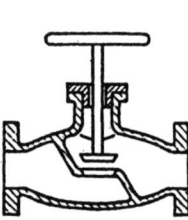
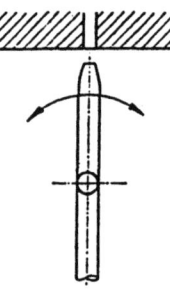

Bild 199
Sperrungen, hydraulisch, Beispiele
Ventil

Bild 200

Strahlrohr

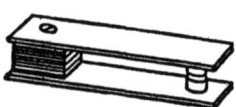
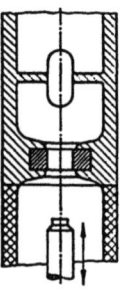

Bild 201
Sperrungen, elektrisch, Beispiele
einfacher Kontakt

Bild 202

Hochspannungs-Lastschalter

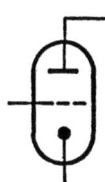

Bild 203
Sperrungen, elektrisch, Beispiele
gittergesteuerte Elektronen-Röhre

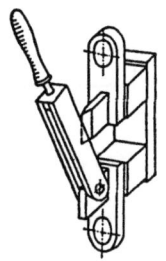

Bild 204

Hochspannungs-Trennschalter

Bild 205
Selbsttätige Sperrung
mechanisch
Keilkette innerhalb
des Reibungswinkels

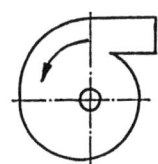

Bild 206

hydraulisch
Drosselspirale

Bild 207

elektrisch
Sperrschichtzelle

Sicherheitssperrungen sind mechanisch der Scherstift (Bild 208), hydraulisch die Berstplatte (Bild 209), und elektrisch der Hörner-Blitzableiter (Bild 210).

Entsprechende Sicherung sind für die Drehzahl der Fliehkraftschalter (Bild 211), für die Strömungsgeschwindigkeit das Klappventil (Bild 212) und für die Stromstärke der Schmelzdraht (Bild 213).

6 Die Ausbildung der technischen Mittel

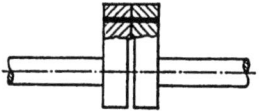

Bild 208
Sicherheitssperrung
mechanisch
Scherstift

Bild 209

hydraulisch
Berstplatte

Bild 210

elektrisch
Hörner-Blitzableiter

Bild 211
Sicherheitssperrung
mechanisch
für Drehzahl
Fliehkraftschalter

Bild 212

hydraulisch
für Strömungsgeschwindigkeit
Klappventil

Bild 213

elektrisch
für Stromstärke
Schmelzdraht

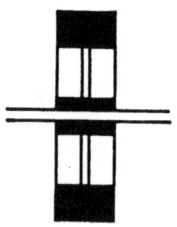

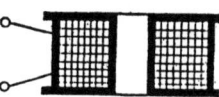

Bild 214
Sicherheitssperrung, dynamisch
mechanisch
Beschleunigung
eines Schwungrades

Bild 215

hydraulisch
Beschleunigung
einer Flüssigkeitssäule

Bild 216

elektrisch
Hemmung des Aufbaus
eines elektrischen Feldes

6.1 Die Elemente und ihre Mehrfachkombination

Durch Beschleunigen eines Schwungrades (Bild 214), einer Flüssigkeitssäule (Bild 215) und durch Hemmung des Aufbaues eines magnetischen Feldes durch einen Kupfermantel (Bild 216) lassen sich entsprechende Sperrungen durch dynamische Effekte erzielen.

6.1.3
Kopplungen und Mehrfachkopplungen

Um ein Bild von der Mannigfaltigkeit der verschiedenen Ausführungsformen der Kopplungen zu geben, sind als mechanische Beispiele Kette und Seil (Bild 217), eine Kugelreihe in einem Rohr (Bild 218), der gewöhnliche Lenker (Bild 219), der Keilriemen (Bild 220), die Zylinderrollen-Übertragung (Bild 221) und eine Pleuelstange (Bild 222) gewählt.

Bild 217
Kopplung, mechanisch
durch Zugmittel
Kette und Seil

Bild 218

durch Druckmittel
Kugelreihe in Rohr

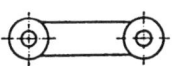

Bild 219

durch Festkörper
Lenkerkopplung

Bild 220
Kopplung, mechanisch
durch Zugmittel
Keilriemen

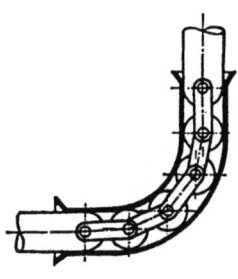

Bild 221

durch Zug- und Druckmittel
Zylinderrollen-Übertragung

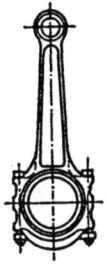

Bild 222

durch Festkörper
Pleuelstange

6 Die Ausbildung der technischen Mittel

Aus der Viergelenkkette (Bild 223), auf die sich alle mechanischen Getriebe zurückführen lassen, ergeben sich durch Abwandlung die Gleit- und Wälzkopplungen (Bild 224–225).

Anwendungsformen dieser drei Kopplungsarten sind die Führung des Lasthakens eines Wippkranes (Bild 226), der Antrieb einer Shapingmaschine (Bild 227) und die Radiziereinrichtung einer Ringwaage (Bild 228).

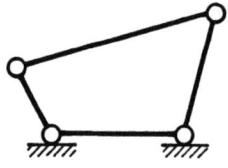

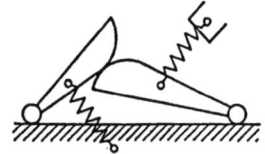

Bild 223
Kopplungen, entwickelt aus dem Gelenkviereck
Grundlage: Gelenkviereck
(Viergelenkgetriebe)

Bild 224
Gleitkopplung
(Gleitzwiegelenk)

Bild 225
Wälzkopplung
(Wälzzwiegelenk)

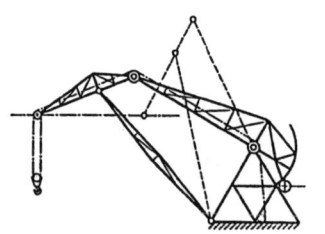

Bild 226
Kopplungen, entwickelt aus dem Gelenkviereck
Anwendung des Gelenkviereckes
Wippkran

Bild 227
Anwendung der Gleitführung
Shaping-Maschine

Bild 228
Anwendung der Wälzführung
Ringwaage

6.1 Die Elemente und ihre Mehrfachkombination

Hydraulische Beispiele sind die geodätische Höhe, der statische Leitungsdruck und der dynamische Druck eines Flüssigkeitsstrahles (Bild 229–231).

Angewandte Kopplungen sind das Kippgefäß eines Wassermessers (Bild 232), das Bourdonrohr eines Manometers (Bild 233) und das Treibrad einer Pelton-Turbine (Bild 234).

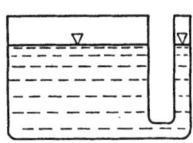

Bild 229
Kopplungen, hydraulisch
geodätische Höhe

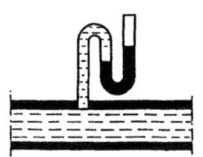

Bild 230

statischer Druck

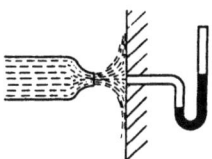

Bild 231

dynamischer Druck

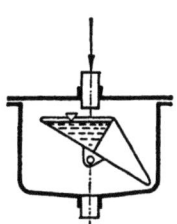

Bild 232
Kopplungen, hydraulisch
Kippwassermesser

Bild 233

Bourdonrohr

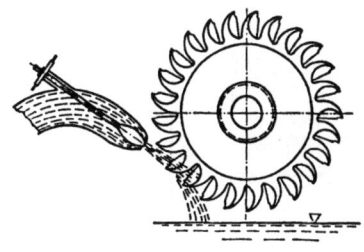

Bild 234

Pelton-Turbine

Die nächsten drei Bilder bringen Beispiele für elektrische Kopplungen. Im Hochspannungsmesser (Bild 235) von Rogowski [108] wird die Hochspannung als Kraft gemessen, mit der sich zwei Kondensatorplatten anziehen. Im unteren Teil des Apparates ist eine Elektro-Übertragungseinrichtung für diese Meßkraft untergebracht. Die Ausnutzung desselben statischen Effektes findet beim Quadrantenelektrometer und beim Goldplättchenelektrometer statt. Häufiger wird die Spannung durch einen spannungsproportionalen Teilstrom gemessen.

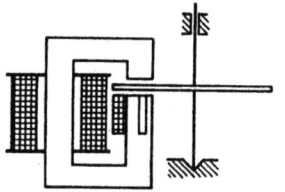

Bild 236
Kopplungen, elektrisch
Ferarismotor als Zähler
(Aufriß)

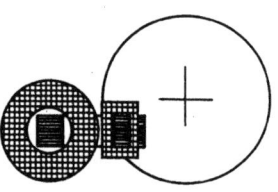

Bild 237
Kopplungen, elektrisch
Ferarismotor als Zähler
(Grundriß)

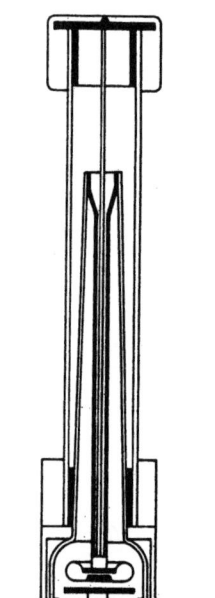

Bild 235
Kopplungen, elektrisch
Hochspannungsmesser von Rogowski

Der Zähler (Bild 236–237) ist ein Ferarismotor, der durch das Feld des stromdurchflossenen Elektromagneten angetrieben wird. Diesen an sich normalen Zählermotor kann man so einrichten, daß die Aluminiumscheibe, wie das beim AEG-Mengenmesser der Fall ist, verschieden tief in das Magnetfeld eingetaucht wird und somit seine Drehzahl proportional der Eintauchtiefe ändert. Ist die Eintauchtiefe abhängig, z.B. von dem Differenzdruck einer Stauscheibe, so erhält man einen Differenzdruck-Mengenmesser mit Zählung.

Genau wie bei den Sperrungen gibt es nun auch bedingte Kopplungen in allen Energiearten. Als mechanische Beispielsreihe (Bild 238–240) dient die mechanische Kupplung in Form einer spiralförmig gewundenen Feder, das Reibrädergetriebe und die Trägheitskopplung über eine mittels Zahnrädern dazwischen geschaltete träge Masse.

Ähnliche hydraulische Beispiele (Bild 241–243) sind der in eine Leitung eingeschaltete Windkessel, die Mitnahme einer Strömung durch laminare Reibung und die dynamische Kopplung in einem Strahlapparat.

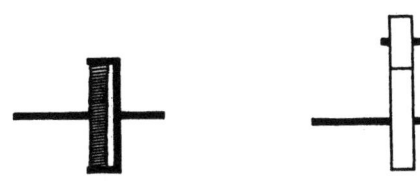
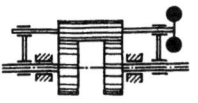

Bild 238　　　　　**Bild 239**　　　　　**Bild 240**
<u>Bedingte Kopplungen, mechanisch</u>
Spiralfeder　　　　　Reibräder　　　　　Trägheitskopplung

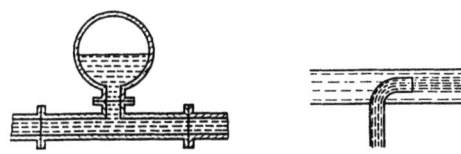
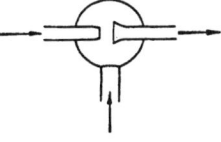

Bild 241　　　　　**Bild 242**　　　　　**Bild 243**
<u>Bedingte Kopplungen, hydraulisch</u>
Windkessel　　　　　laminare Reibung　　Strahlapparat

Die elastische Reibungs- und Trägheitskopplung in elektrischen Kreisen folgt in den Bildern 244–246. Genau gesehen ist es hier so, daß der in die Zweigleitung eingebaute kapazitive, ohm'sche und induktive Widerstand die Kopplung herstellt, ohne die die Kreise entkoppelt wären.

Aus der Fülle der Beispiele für Mehrfachkopplungen wurden die Zahnräder, das Kaplanrad einer Wasserturbine und ein Drehstrommotor gewählt (Bild 247–249). In allen drei Beispielen wird eine Drehbewegung gleichfalls in eine andere Drehbewegung, und zwar jeweils die mechanische, hydraulische oder elektrische in eine mechanische Drehbewegung verwandelt.

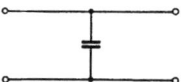 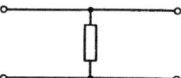 

Bild 244
Bedingte Kopplungen, elektrisch
kapazitive Kopplung

Bild 245

Ohm'sche Kopplung

Bild 246

induktive Kopplung

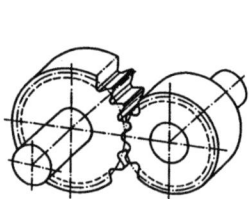 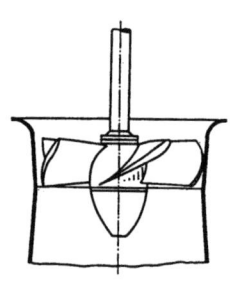 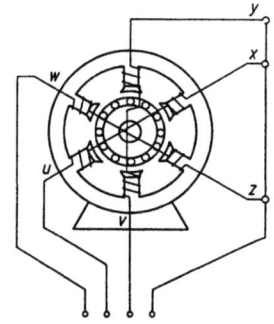

Bild 247
Mehrfachkopplungen
mechanisch
Zahnräder

Bild 248

hydraulisch
Kaplanturbine

Bild 249

elektrisch
Drehstrommotor

6.1.4
Doppelfunktionen

Hier soll nun noch auf Besonderheiten hingewiesen werden, die zu eleganten Konstruktionen durch geschickte Verbindung der Elemente führen; denn es ist möglich, demselben mechanischen Teil doppelte Funktionen zu erteilen. Dadurch ergeben sich einfache Konstruktionen für schwierige Aufgaben. So kann man das Quecksilber, in dem ein Kreiselkompaß schwimmt, zugleich als Stromzuführung für den am unteren Ende befindlichen Antriebsmotor des Kreisels benutzen. Bei dem dargestellten Kreisel (Bild 250) handelt es sich um eine veraltete Ausführung. Die Quecksilberfüllung hat die Funktion der hydraulischen Lagerung und einer elektrischen Zuleitung. Bei dem zweiten Beispiel (Bild 251) handelt es sich darum, den Spiegel eines Meßinstrumentes derart aufzuhängen, daß er bei einer Längsbewegung in Richtung der Achse des Aufhängetellers eine Drehbewegung ausführt. Demnach dient die Aufhängung in Federn als Lagerung des Spiegels und gleichzeitig als Gegenkraft für die Meßkraft. Das nächste Beispiel zeigt die Lagerung einer Ultrazentrifuge (Bild 252). Die Antriebsturbine, die mit Luft betrieben wird, schwimmt in dem austretenden Luftstrom. In diesem Fall sind Lagerung und Antriebskopplung in denselben Mitteln vereinigt. Auf diese Weise sind Grenztourenzahlen von 40.000 U/min erreichbar.

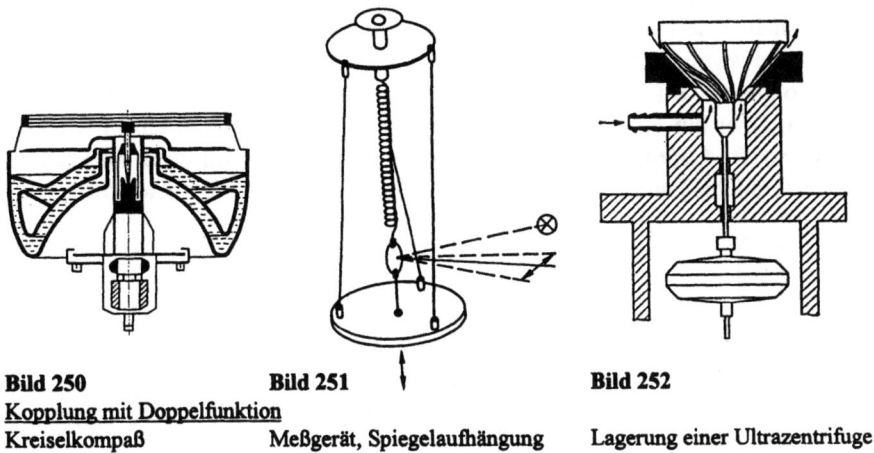

Bild 250
Kopplung mit Doppelfunktion
Kreiselkompaß

Bild 251
Meßgerät, Spiegelaufhängung

Bild 252
Lagerung einer Ultrazentrifuge

6.1.5
Selbsttätige Sperrungen und Kopplungen

Die Aufstellung von Besonderheiten muß noch durch die selbsttätigen Sperrungen und Kopplungen ergänzt werden. Bei der Erläuterung der Grundfunktionen wurde

110   6 Die Ausbildung der technischen Mittel

bereits bei der Keilkette erwähnt, daß es Anordnungen gibt, die abhängig von der Bewegungsrichtung des Antriebes als Sperrung oder Kopplung funktionieren. Derartig selbsttätige Anordnungen haben natürlich ein großes Interesse in der Technik gefunden und lassen sich in allen Energiearten finden. Eine derartige Wirkung läßt sich elektrisch u.a. in einem Quecksilberdampfentladungsgefäß erzeugen, das mit brennendem Kathodenfleck eine galvanische Verbindung zwischen dem Wechsel- und dem Gleichstromnetz herstellt. Je nach der Phase der an der Anode angelegten Wechselspannung wirkt das Entladungsgefäß entweder als Leitung oder als Sperrung. Durch Anlegen einer Sperrspannung in einem zusätzlichen Gitter kann man nun noch den durchfließenden Strom steuern. Außer der Benutzung als Gasentladungsgefäß zur Gleichrichtung evtl. mit Stromregelung lassen sich bei vorgesteuerter Gitterspannung die Dampfentladungsgefäße auch zur Umformung von Gleich- in Wechselstrom (Wechselrichter) und von Wechselstrom in den Wechselstrom einer anderen Frequenz oder Phase (Umrichter) verwenden. Für diese Anordnung maßgeblich ist der Steuermechanismus für die Gitterspannung (Bild 253).

Eine hydraulische Sperrung in der einen Bewegungsrichtung der Strömung stellt das sogenannte Rückschlagventil dar (Bild 254).

Als Beispiel für eine mechanische selbsttätige Kopplung dient der Freilauf in Form einer Rolle mit keilförmigen Aussparungen (Bild 255), im Beispiel als Antrieb einer AEG-Kaffeemühle verwendet: Der Außenring mit seinen Polen liegt im Feld eines mit der normalen Wechselspannung beaufschlagten Magnetpaares und führt deshalb eine hin- und hergehende Bewegung aus, die über den Freilauf in eine Drehbewegung verwandelt wird.

Die folgenden Bilder bringen Beispiele für praktische Möglichkeiten zur Umwandlung einer hin- und hergehenden Bewegung: Mechanisch in einem Klinkenschaltwerk (Bild 256), hydraulisch in einer Kolbenpumpe mit zwei Rückschlagventilen (Bild 257) und elektrisch in einem Trockengleichrichter (Bild 258).

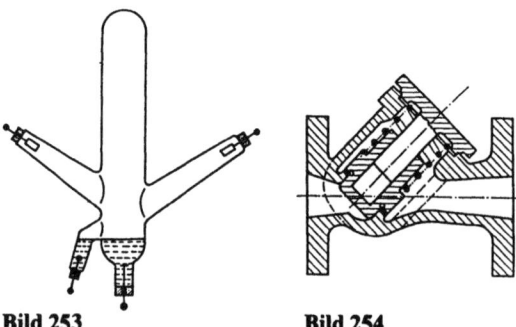

Bild 253
Selbsttätige Kopplung / Sperrung
elektrisch
Quecksilberdampf-
Entladungsgefäß

Bild 254
hydraulisch
Rückschlagventil

Bild 255
mechanisch
Freilauf,
Verwendung als Antrieb

6.2 Kombinationen von Schaltern und Kopplungen

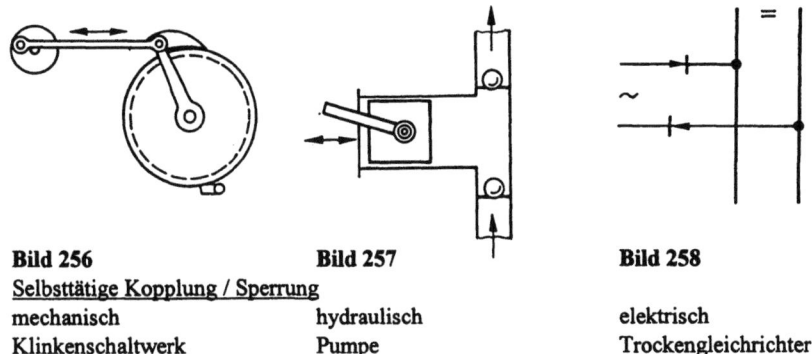

Bild 256
Selbsttätige Kopplung / Sperrung
mechanisch
Klinkenschaltwerk

Bild 257
hydraulisch
Pumpe

Bild 258
elektrisch
Trockengleichrichter

6.2 Kombinationen von Schaltern und Kopplungen

Nach der Darstellung der Leitungs-, Sperrungs- und Kopplungstypen und ihrer Ausführungsformen können nun die Kombinationen dieser Elemente aufgesucht werden. Mit Rücksicht auf die Herstellung eines einfachen Modells ist hierfür ein elektrisches Beispiel gewählt worden, mit dem die grundsätzlichen Kombinationen aufgesucht werden sollen. Als Kopplung (Bild 259) wurde ein Elektromagnet gewählt, der in der Lage ist, einen Anker anzuziehen, der von einer Feder gegen eine Auflage gezogen wird. Als Sperrung (Bild 260) soll ein einfacher Hebelschalter verwendet werden.

Diese Elemente lassen sich nun zu drei grundsätzlichen Kombinationen mittels Leitungen verbinden: Wird der Schalter (Bild 261) in Reihe mit dem Elektromagneten geschaltet, so erhält man eine einschaltbare Kopplung. Der Anker des Magneten führt beim Einschalten eine mechanische Bewegung aus. Wird nun der Anker mit dem Schalter über ein Gestänge mechanisch verbunden, so erhält man einen gekoppelten, d.h. angetriebenen Schalter (Bild 262). Werden diese beiden Anordnungen gekoppelt und der angetriebene Schalter zur Schaltung des Magneten benutzt, dann wird die gezeichnete Anordnung (Bild 263) zu einer selbstgesteuerten Maschine, wenn man dafür sorgt, daß ein Phasenunterschied zwischen der Bewegung des Ankers und der Bewegung des Schalters besteht. Dieser Phasenunterschied wird durch Anschläge am Anker erreicht, die den Schalter erst kurz vor dem Erreichen der Endlage betätigen. In der im Bild 263 dargestellten Stellung zieht die Feder den Anker zurück, um im letzten Augenblick der Bewegung den Elektromagneten einzuschalten, der seinerseits den Anker anzieht, bis durch den zweiten Anschlag die Ausschaltung erfolgt. Diese drei Grundtypen von Kombinationen zwischen Schaltern und Kopplungen sollen nun mit Beispielen aus der Technik belegt werden.

Bild 259
Kombinationen von Schaltern und Kopplungen
Kopplung: Elektromagnet

Bild 260

Schalter: Hebelschalter

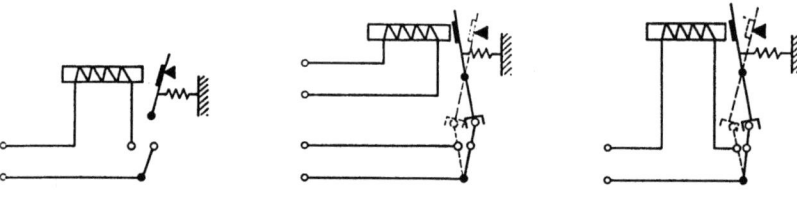

Bild 261 **Bild 262** **Bild 263**
Kombinationen von Schaltern und Kopplungen
einschaltbare Kopplung   angetriebener Schalter   selbststeuernder Unterbrecher

6.2.1
Geschaltete Kopplungen

Der ersten Anordnung, der geschalteten Kopplung, entsprechen die folgenden Bilder und zwar ein Hubwerk oder Winden, das durch eine Kopplung einschaltbar ist (Bild 264), eine hydraulische Presse durch ein Ventil in der Zuleitung (Bild 265) und ein Elektromagnet mit Lasthaken (Bild 266), der durch den gezeichneten Schalter betätigt wird. So sind als grundsätzliche Betätigungsmöglichkeiten einer schaltbaren Kopplung zu unterscheiden: die Betätigung von Hand und die selbsttätige Betätigung über einen Freilauf oder über einen physikalischen Effekt, wie die Fliehkraft; Beispiele zeigt die Bilderreihe 267–269.

Zu dieser Gruppe lassen sich noch eine große Zahl weiterer Beispiele bringen, da diese Kombination weitestgehende Verwendung in der Technik gefunden hat. Erinnert sei an den Signalbetrieb bei der Eisenbahn mit mechanischem Seilzug, an den hydraulischen Tastenantrieb von automatischen Klavieren, deren Steuerung

6.2 Kombinationen von Schaltern und Kopplungen

durch eine Saugschiene vorgenommen wird, über die eine Papierbahn abgezogen wird, in der sich für die einzelne Tastenbewegung eingestanzte Löcher befinden. Ein anderes wichtiges Beispiel hierfür ist das Schreibsystem eines Morseapparates.

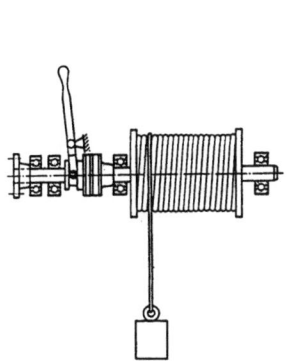
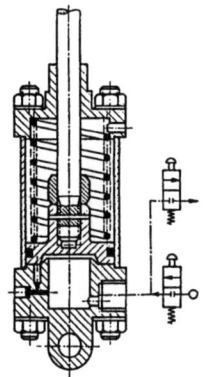
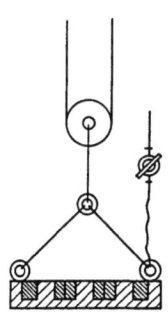

Bild 264
Geschaltete Kopplungen
mechanisch
Hubwerk

Bild 265

hydraulisch
hydraulische Presse

Bild 266

elektrisch
Elektromagnet

Bild 267   **Bild 268**   **Bild 269**
Geschaltete Kopplung, mechanisch
Betätigung von Hand (Ratsche) Betätigung durch Freilauf   Betätigung durch Fliehkraft

6.2.2
Gekoppelte Schalter

Die für den angetriebenen Schalter gewählte Beispielsgruppe zeigen die Bilder 270–272, und zwar ein mechanisches Sperrgetriebe für absatzweise Bewegung, das Strahlrohr eines Askaniareglers hydraulisch und der Hebdrehwähler aus der automatischen Telefonie elektrisch.

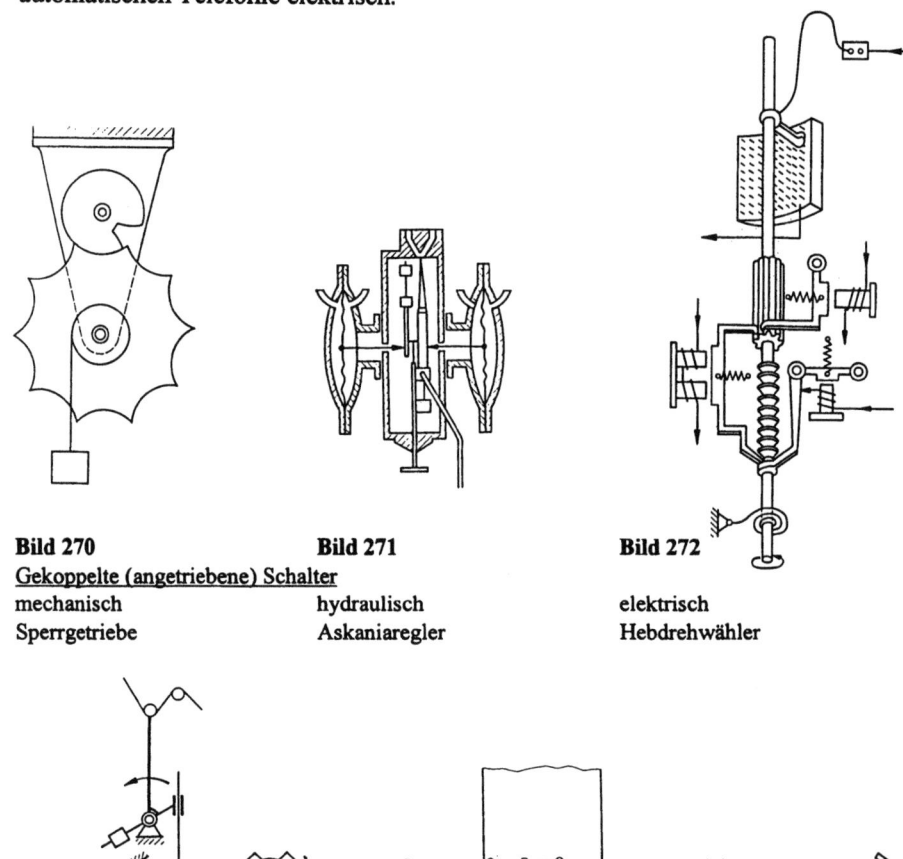

Bild 270 **Bild 271** **Bild 272**
Gekoppelte (angetriebene) Schalter
mechanisch hydraulisch elektrisch
Sperrgetriebe Askaniaregler Hebdrehwähler

Bild 273 **Bild 274** **Bild 275**
Gekoppelte (angetriebene) Schalter
mechanisch hydraulisch elektrisch
Ausschaltung des Spul- Leitapparat einer elektrisches Relais
antriebs bei Fadenbruch Wasserturbine

6.2 Kombinationen von Schaltern und Kopplungen

Weitere angetriebene Schalter zeigt die Bilderreihe 273–275. Das mechanische Beispiel einer einschaltbaren Kupplung wurde durch den vollständigen Antrieb dieser Kupplung ergänzt. Es handelt sich um die selbsttätige Ausschaltung eines Spulapparates für Fäden bei Fadenbruch. Reißt der Faden, so wird der Stößel in ein dauernd umlaufendes Rad mit einzelnen Zähnen gedreht, der die Kupplung seinerseits betätigt. Als hydraulisches Beispiel wird die Drosselklappe in einem Luftkanal aufgeführt, die von einem Servomotor betätigt wird, der in Klima- und Kesselanlagen verwendet wird. Auch die Leitapparate von Wasserturbinen werden auf die gleiche Weise betätigt. Das letzte Beispiel ist das elektrische Relais, das in der gesamten Elektrotechnik vielseitigste Verwendung gefunden hat und allein schon in der automatischen Telefonie millionenfach verwendet wird.

Ergänzende Beispiele für gekoppelte Schalter sind auch Fühler mit Schaltorganen, z.B. Thermometer mit Ausdehnungsstäben oder Haarhygrostaten, die durch Einwirken der Feuchtigkeit in ihrer Länge geändert werden und Schalter betätigen. Hierher gehören auch Zeitschalter in der Form handbetätigter Schalter, die mit einer verzögerten Ausschaltung ausgestattet werden. Ist die Antriebsenergie wesentlich kleiner als die Energie, die im Energiekreis der Schaltung fließt, was sich konstruktiv vor allen Dingen hydraulisch und elektrisch leicht einrichten läßt, so spricht man von Verstärkerrelais, die auch mehrfach hintereinander in sogenannten Kaskadenschaltungen verwendet werden.

6.2.3 Selbststeuernde Schalter

Die für die selbststeuernden Kopplungen bzw. Schalter gewählten Beispiele zeigt die Bilderreihe 276–278. Man nennt diese Type auch selbststeuernde Unterbre-

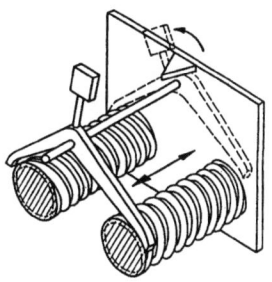
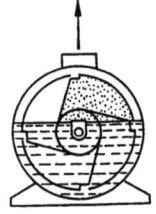
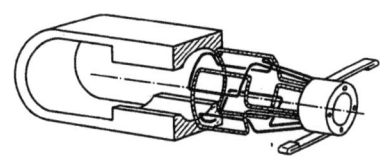

Bild 276
Selbststeuernde Schalter
mechanisch
Changiereinrichtung

Bild 277
hydraulisch
Trommelgasmesser

Bild 278
elektrisch
Kollektormaschine

cher, wenn man auch nach anderen, noch zu erläuternden Prinzipien derartige Maschinen aufbauen kann [93]. Bild 276 stellt eine Changiereinrichtung von Drahtspulmaschinen dar. Durch zwei Gewindespindeln mit Rechts- und Linksgewinde wird ein Hin- und Hergang des Changierteiles dadurch erzeugt, daß durch Umlegen an einem Anschlag die Gewindeschlösser einmal mit der einen und einmal mit der anderen Gewindespindel selbsttätig in Eingriff gebracht werden. Beim Trommelgasmesser (Bild 277) tritt das Gas durch das zentrale Zuführungsrohr ein und bewegt durch seinen Auftrieb die Teilkammer, die sich bei der weiteren Umdrehung nach dem Auslaß hin entleert. Die Abdichtung erfolgt durch die angedeutete Flüssigkeitsfüllung. Als elektrisches Beispiel (Bild 278) dient eine Kollektormaschine, die schematisch dargestellt ist. Über den Kollektor wird jeweils eine Magnetwicklung eingeschaltet, die ihrerseits in das Magnetfeld des Stators hineingezogen wird. Durch die erzeugte Bewegung erfolgt die selbsttätige Weiterschaltung.

In diese Gruppe gehören alle Typen von Kolbenmaschinen zur Ausnutzung des hydraulischen und statischen Druckes. Um einmal nur eine Übersicht in einer Energieart, nämlich der hydraulischen, zu geben, gehören hierher als Beispiel die Dampfmaschinen, und zwar die Tauchkolbenmaschinen, die beiderseitig beaufschlagten Kolbenmaschinen (Gegenkraft) und die Gleichstrommaschinen mit Auslaß-Schlitzsteuerung. Hierzu gehören ferner die Antriebe für Preßlufthämmer mit verschiedenen Ventilanordnungen, Kesselsteinklopfer, Wassermesser mit Kolben (Kantwassermesser), Gasmesser mit Tauchglockenventilen oder Membranen, die verschiedensten Arten von hydraulischen Werkzeugmaschinenantrieben und schließlich reine Unterbrecher, wie sie für Blinkfeuer verwendet werden (selbststeuernde Sperrung).

Selbststeuernde Antriebe mit Schaltern und Magneten werden auch für elektrische Heber (AEG) verwendet. Infolge der elektrisch so gut möglichen örtlichen Trennung von Schalter und Kopplung gibt es auch eine ganze Reihe von selbsttätigen Werkzeugmaschinen-Steuerungen unter Verwendung von Folgeschaltern.

Es soll noch auf einen interessanten selbststeuernden elektrischen Unterbrecher hingewiesen werden, dessen Kopplung durch einen stromdurchflossenen Draht gebildet wird, der flaschenzugartig aufgewunden ist und dessen Längenänderung durch Erwärmung beim Stromdurchfluß eine hin- und hergehende Bewegung zur Betätigung eines Fallbügels ausführt.

6.3
Kombinationen von Schaltern, Kopplungen und Energiesystemen

Die bisher abgeleiteten Kombinationen von Schaltern und Kopplungen lassen sich nun mit den früher abgeleiteten Energiesystemen in Verbindung bringen. Hierfür sind folgende Kombinationen möglich, die die Bilderreihe von 279–282 zeigt.

6.3 Kombinationen von Schaltern, Kopplungen und Energiesystemen

Das erste Beispiel ist ein ruhendes Energiesystem in Form eines Zeigers (Bild 279), der von einer Feder gegen einen Anschlag gezogen wird, der mittels eines Magneten aus dieser Ruhelage in eine neue gebracht werden kann, in der sich Strom und Federkraft das Gleichgewicht halten. Diese Anordnung kann selbststeuernd ausgeführt werden, wenn die Verstellung des Ankers zur Verstellung des Widerstandes benutzt wird, der selbsttätig Strom und Federspannung ausgleicht. Diese Type ist das Grundprinzip der Regler (Bild 280).

Außer den ruhenden Energiesystemen können die Kopplungen auch auf ein bewegtes Energiesystem, z.B. (Bild 281) ein schwingungsfähiges System in Form von Feder und Masse einwirken, und das System zu erzwungenen Schwingungen

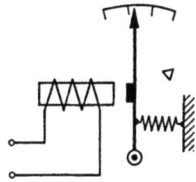

Bild 279
Schalter, Kopplungen und Energiesysteme
Meßgerät

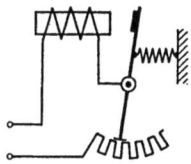

Bild 280

Regler, Grundprinzip

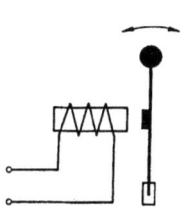

Bild 281
Schalter, Kopplungen und Energiesysteme
erzwungene Schwingungen

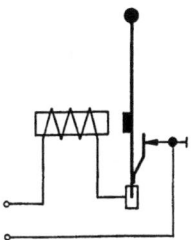

Bild 282

selbstgesteuerte Schwingungen

veranlassen. Durch Einführung der Selbststeuerung (Bild 282) in dem die Schwingungsbewegung zur Schaltung des Stromes der antreibenden Kopplung verwendet wird, kann das Schwingungssystem zu freien selbstgesteuerten Schwingungen veranlaßt werden.

Auch diese Typen sollen nun mit Beispielen aus der Praxis belegt werden, wo durch übergeordnete Variationsgesichtspunkte die Anordnungen der Variationsmöglichkeiten der Funktionslehre verdeutlicht werden.

6.3.1
Angetriebene ruhende Systeme

Die Kopplung oder der Antrieb eines ruhenden Energiesystems findet bei Meßinstrumenten statt, und zwar sind als wesentliche Teile (Bild 283–286) zu unterscheiden die Welle, die mittels einer Feder in einer der drei Ruhelagen eines ruhenden Energiesystems gehalten wird, der Zeiger, der die Stellung dieses Energiesystems vor einer Skala sichtbar macht und der Antrieb dieses Systems. Für den Antrieb wurden die Variationen mechanischer, hydraulischer und elektrischer Antriebe durchgeführt, und zwar ein Gewicht (Bild 284), Druckdosen (Bild 285) und Magnetspulen (Bild 286). Als Ruhelagen werden die Auflage, Schwinglage und Kipplage eines Systems gezeigt. Die erste Anordnung wird in tatsächlicher Ausführung bei einer Federwaage, die zweite bei einem Differential-Manometer und die dritte bei einem Kipprelais angewendet.

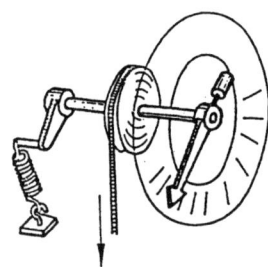

Bild 283 Angetriebene ruhende Systeme; Grundgerät ohne Antrieb

Die Gegenkraft der Feder braucht aber nicht immer mechanisch zu sein, sondern kann mit der gleichen Energieart des Antriebes selbst ausgeführt werden. Bei der Torsionswaage (Bild 287) wird das Gewicht durch Verstellen des Anfanges der Spiralfeder mittels eines Handhebels ausgeglichen. Bei der Ringwaage (Bild 288) hält sich die Differenz der hydraulischen Drücke das Gleichgewicht, während die Gegenkraft beim Kreuzspulinstrument (Bild 289) zur Ausschaltung der Einflüsse einer schwankenden Meßspannung von einer besonderen Spule hervorgerufen wird. Alle drei Systeme befinden sich in der Schwinglage.

6.3 Kombinationen von Schaltern, Kopplungen und Energiesystemen

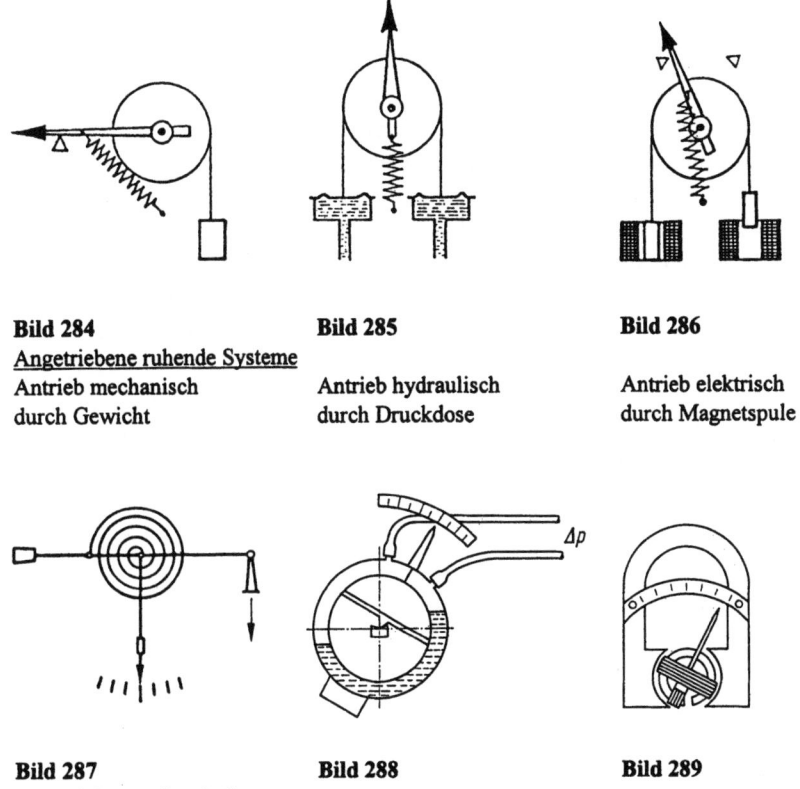

Bild 284
Angetriebene ruhende Systeme
Antrieb mechanisch
durch Gewicht

Bild 285
Antrieb hydraulisch
durch Druckdose

Bild 286
Antrieb elektrisch
durch Magnetspule

Bild 287
Angetriebene ruhende Systeme
Gegenkraft mechanisch
Torsionswaage

Bild 288
Gegenkraft hydraulisch
Ringwaage

Bild 289
Gegenkraft elektrisch
Kreuzspulinstrument

Für diese Gruppe gibt es noch eine Menge weiterer Beispiele, da fast alle Zeiger-Instrumente derartig aufgebaut sind. Der Antrieb der Systeme erfolgt, wie schon gezeigt durch eine freie Kraft, die ihrerseits aus einem statischen oder dynamischen System herstammen kann. Erinnert sei an das Kaempfsche Viskosimeter in dem ein rotierender Behälter über die zu messende viskose Flüssigkeit ein Drehmoment auf einen Tauchkörper überträgt. Die Kraft stammt bei diesem Beispiel aus einem einfach bewegten System im Gegensatz zu dem ruhenden System der bisherigen Beispiele.

6.3.2
Selbststeuernde ruhende Systeme

Die Einführung der Selbststeuerung soll nun an einer besonderen Beispielreihe (Bild 290–292) dargestellt werden, bei denen die mechanische Spannung in einem Gewebe (Bild 290), der Druck in einer Dampfleitung (Bild 291) und die elektrische Spannung in einem elektrischen Kreis (Bild 292) geregelt werden soll. Die Spannung im Gewebeband wird durch eine Tänzerwalze abgetastet, die zwischen dem Abzugstrio und einer Umlenkwalze eingeschaltet ist und über ein Gestänge direkt mit einer Reibungskupplung verbunden ist, durch die der Abzug der Triowalzen schneller oder langsamer gestellt wird. Das hydraulische Beispiel ist der bekannte Allo-Regler, bei dem der Druck einer Leitung mittels eines Kolbens gemessen wird, der ein Regelventil verstellt. Die elektrische Regelung der Spannung erfolgt über eine Kohledrucksäule, die von einem Elektromagneten zusammengezogen wird, wodurch sich der Widerstand der Kohlensäule verändert. Bei den Beispielen handelt es sich also um direktarbeitende Regler. In diese Gruppe gehören auch die Fliehkraftregler zur Regelung von Dampf- und Wasserturbinen. Bei größeren Einheiten ist allerdings meist noch eine Hilfsenergie zur Verstärkung der Regelimpulse in das Regelsystem eingeführt.

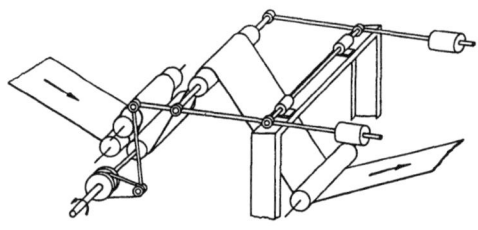

Bild 290
Selbststeuernde ruhende Systeme
mechanisch
Regelung der Spannung
in einem Gewebe

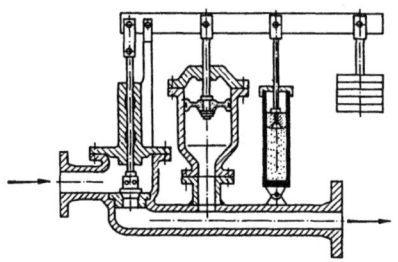

Bild 291

hydraulisch
Regelung des Druckes
in einer Dampfleitung

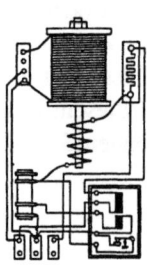

Bild 292
Selbststeuernde ruhende Systeme
elektrisch
Regelung der
elektrischen Spannung

6.3.3
Angetriebene bewegte Systeme

Die nächsten Kombinationen stellen Antriebe für bewegte Energiesysteme dar. In der Beispielreihe von Bild 293–298 sind es bewegte Energiesysteme, die in der Lage sind, erzwungene Schwingungen auszuführen. Der Antrieb derartiger Systeme läßt sich, wie die mechanischen Beispiele (Bild 293–295) zeigen, nur mittels bedingter oder dynamischer Kopplungen durchführen. Das Energiesystem wird gebildet durch eine auf einer Unterlage verschiebbare Masse, die zwischen zwei Federn verschiebbar eingesetzt ist und der noch eine hydraulische Dämpfung in Form eines Kolbens in einem Zylinder zugeordnet ist. Der Antrieb erfolgt jeweils von rechts her, und zwar über den elastischen Antrieb mittels Federn, über den Reibungsantrieb über eine hydraulische Dämpfung und durch eine veränderliche Massenkraft, die dem elektrischen Wechselstrom direkt entspricht. Die gleichwertigen elektrischen Systeme (Bild 296–298) sind darunter gezeichnet.

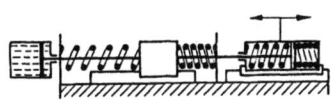

Bild 293
Angetriebene bewegte Systeme, mechanisch
Antrieb durch Federkraft

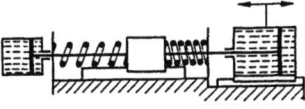

Bild 294

Antrieb durch Reibungskraft

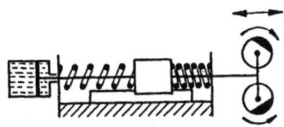

Bild 295
Angetriebene bewegte Syteme, mechanisch
Antrieb durch Massenkraft

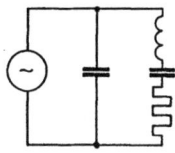 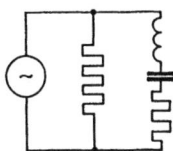 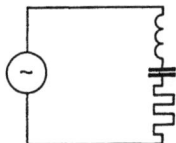

Bild 296   **Bild 297**   **Bild 298**
Angetriebene bewegte Systeme, elektrisch
Antrieb analog Bild 293   Antrieb analog Bild 294   Antrieb analog Bild 295

122   6 Die Ausbildung der technischen Mittel

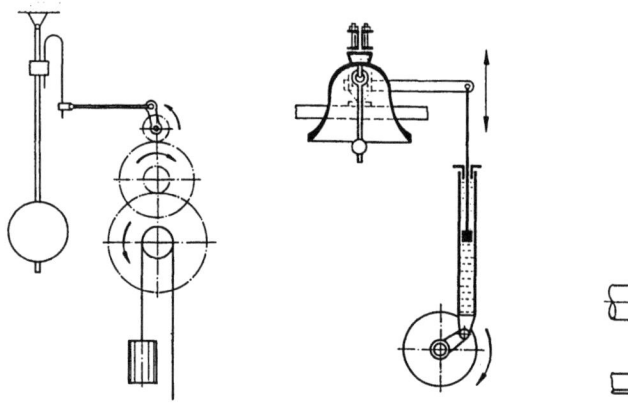

Bild 299
Angetriebene bewegte Systeme, Beispiele
Uhrenantrieb
nach Schieferstein

Bild 300

Glockenantrieb über
hydraulische Schlupfkupplung

Bild 301

Massenantrieb eines
Schwingförderers

Interessante Antriebe schwingungsfähiger Systeme sollen noch in einer besonderen Bilderreihe 299–301 gezeigt werden, und zwar der Uhrenantrieb nach Schieferstein, über eine Feder, die absatzweise von einem mechanischen Getriebe unter Spannung gesetzt wird, der Glockenantrieb über eine hydraulische Schlupfkopplung und der Massenantrieb eines schwingungsfähigen Rohres als Förderrohr für Schüttgüter.

Zu diesen Systemen, die auf irgendeine Weise angetrieben, in der Resonanz Schwingungen ausführen, gehören auch eine Reihe von Musikinstrumenten bei denen entweder eine Luftsäule (Orgel oder Blasinstrument), oder Saiten zu Schwingungen veranlaßt werden. Zur Verwendung gelangt eine veränderliche Kopplung hoher Frequenz. Bei den Blasinstrumenten wird diese veränderliche Kopplung z.B. durch die Wirbelstraße einer angeblasenen Schneide oder Kante erzeugt, bei den Saiteninstrumenten durch die ruhende und bewegte Reibung zwischen Bogen und Saite.

Außer den schwingungsfähigen Systemen können auch das Fließ- und Kippsystem zu Bewegungen veranlaßt werden, für die als besonders einfaches Beispiel das Höppler-Viskosimeter angeführt werden kann, in dem sich eine Kugel durch ein Glasrohr mit der zu messenden Flüssigkeit unter Einfluß des Gewichtes bewegt. Ein Beispiel, das sich auch mechanisch und elektrisch als reibungsgebremste Kugel oder Aluminiumkugel in einem Magnetfeld verwirklichen läßt.

6.3 Kombinationen von Schaltern, Kopplungen und Energiesystemen

Als Beispiele für Kippsysteme mit Antrieb dienen die in der Bilderreihe 302–304 dargestellten Wassermesser, die allerdings noch mit einer besonderen Steuerung versehen sein müssen, um eine Wiederholung des Bewegungsvorganges nach dem Kippen zu ermöglichen (Gegenkraftanordnung). Bild 302 stellt einen Heberwassermesser dar, bei dem selbsttätig die Kippgefäße abwechselnd eingeschaltet werden. Das Ansaugen des zweiten Hebers erfolgt durch die eingezeichnete besondere Ansaugleitung beim Ansprechen des ersten Hebers. Beim Kippwassermesser nach Bild 303 schwenkt nach dem Füllen eines Gefäßes während des Umkippens ein zweites Gefäß unter die Zulauföffnung, während das erste Gefäß ausläuft. Bei dem entsprechenden dynamischen Modell wird die Klappe durch den statischen Druckunterschied auf beiden Seiten dieser Klappe in die Strömung hineingeschwenkt und zu Flatterbewegungen veranlaßt, die proportional der Geschwindigkeit der durchströmenden Flüssigkeit sind (Bild 304).

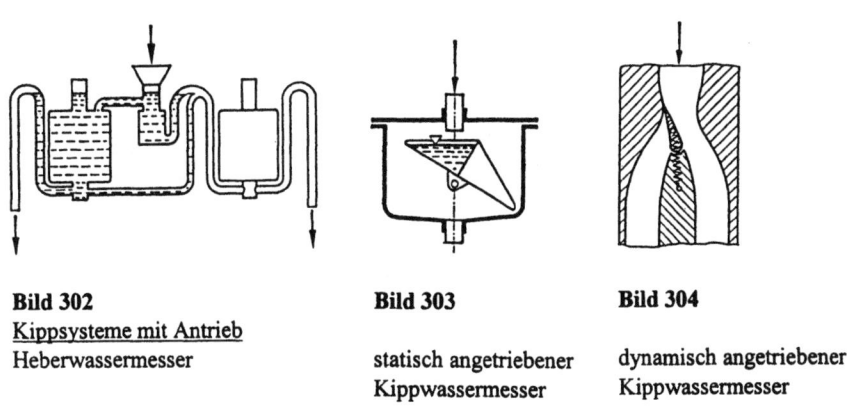

Bild 302
Kippsysteme mit Antrieb
Heberwassermesser

Bild 303
statisch angetriebener
Kippwassermesser

Bild 304
dynamisch angetriebener
Kippwassermesser

6.3.4
Selbststeuernde bewegte Systeme

Die letzte Kombination sind die selbststeuernden Systeme, die freie Bewegungen ausführen können und gleichfalls eine vielseitige Anwendung in der Technik gefunden haben. Selbst bei diesen schon verhältnismäßig komplizierten Beispielen lassen sich die Variationen durch die drei Energiearten durchführen, d.h. das hydraulische Gebiet wurde direkt als neues Gebiet aufgrund der Analogie gefunden. Die Beispiele für diesen Kombinationsfall sind der Uhrenantrieb in Form des Galilei-Ganges, der Antrieb eines hydraulischen Pendels und der bekannte Neef'sche Hammer (Bild 305–307).

Die schwingenden Systeme führen freie Schwingungen aus und erhalten jeweils einen Energiestoß durch Aufheben der Sperrung und zeitweise Betätigung des Antriebes. Beim Galilei-Gang wird genau wie bei den anderen Beispielen die

124   6 Die Ausbildung der technischen Mittel

Sperrung durch den Anschlag am Pendel aufgehoben und die Kopplung über das Stiftrad mit dem zweiten Anschlag am Pendel für kurze Zeit eingesetzt, worauf die Sperrung von dem nächsten Zahn wieder in Verbindung mit dem Antrieb durch das Gewicht aufgehoben wird.

Auch für diese Gruppe gibt es noch als Beispiele Musikinstrumente, und zwar die Zungenpfeifen der Orgel, bei denen die Zungen als selbststeuernde Schalter wirken und den Luftstrom mit einer bestimmten Frequenz unterbrechen.

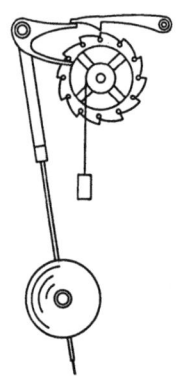
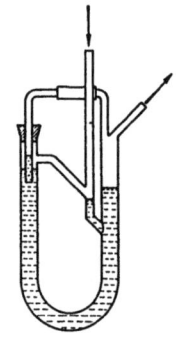
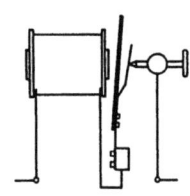

Bild 305
Selbststeuernde bewegte Systeme
mechanisch
Galilei-Gang

Bild 306
hydraulisch
hydraulisches Pendel

Bild 307
elektrisch
Neef'scher Hammer

Damit hat man nun eine Übersicht über die grundsätzlich möglichen Kombinationen der Elemente zu Maschinen und Apparaten, die mit meist praktisch ausgeführten Beispielen belegt wurden. Es sollte damit deutlich gemacht werden, wie man die Gesichtspunkte der Funktionslehre anwendet und wie mit den wenigen neuen Gesichtspunkten eine Analyse der bekannten Maschinen und Apparate möglich ist. Es ist natürlich auch denkbar, die gezeichneten grundsätzlichen Anordnungen nach den früher dargestellten Gesichtspunkten in jeder Klasse durchzukombinieren, wie das für die Klasse der selbststeuernden hydraulischen Unterbrecher schon durchgeführt wurde [93]. Dabei sind natürlich die physikalisch unmöglichen Typen auszuschalten.

6.4
Allgemeine Kombinationen

Der nächste Kombinationsschritt ist die Verbindung von Grundmaschinen mit zusätzlichen Elementen oder die Verbindung mehrerer Grundmaschinen. Ohne systematisch zu variieren wurden hierfür ein paar interessante Beispiele ausgewählt, denn hier müßte erst eine systematische Variation der Grundmaschinentypen vorliegen, wie sie etwa für die hydraulischen Unterbrecher durchgeführt wurde [93]. Als Beispiele für die Maschinenanalyse nach den entwickelten Gesichtspunkten wurden gewählt:

6.4.1 Das Relais von Kieback & Peter
6.4.2 Fernschreibmaschine
6.4.3 Askania-Stromwaage
6.4.4 Fallbügelregler
6.4.5 IG-Pumpe für Gasmeßgeräte

6.4.1
Das Relais von Kieback & Peter

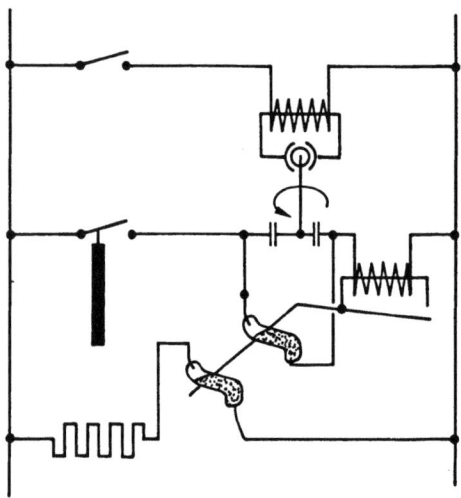

Bild 308 Allgemeine Kombinationen: Relais von Kieback & Peter

Durch Hintereinander- und Parallelschaltung der einzelnen Schalter und zwar eines durch einen Wärmeausdehnungsstab, durch eine Magnetspule und einen Synchronmotor angetriebenen Schalters, läßt sich die Stellung des Thermometerschalters unter Schonung der Kontakte dieses Schalters abfragen. Die Auf- und Zu-Stellung wird mittels des Verriegelungsschalters mit dem Schalter des gesuchten Heizungswiderstandes kombiniert und ist bis zur nächsten Auf-Stellung verriegelt. Die eigentliche Abfrage wird mittels des mit Synchronmotor angetriebenen Drehschalters bewirkt, der von dem Verriegelungsschalter bei Zu-Stellung des Thermometerschalters überbrückt wird. Ähnliche Abfrageschaltungen sind auch aus der automatischen Telefonie bekannt. Die Aufgabe, die mittels dieser Schalterkombinationen erfüllt wird, ist es, unter Schonung der Kontakte des Fühlers Verstellimpulse auf einen Verstellmotor für Regelzwecke abzugeben. Bei diesem Beispiel werden drei Grundmaschinen und zwar drei auf verschiedene Weise angetriebene Schalter miteinander kombiniert.

6.4.2
Fernschreibmaschine

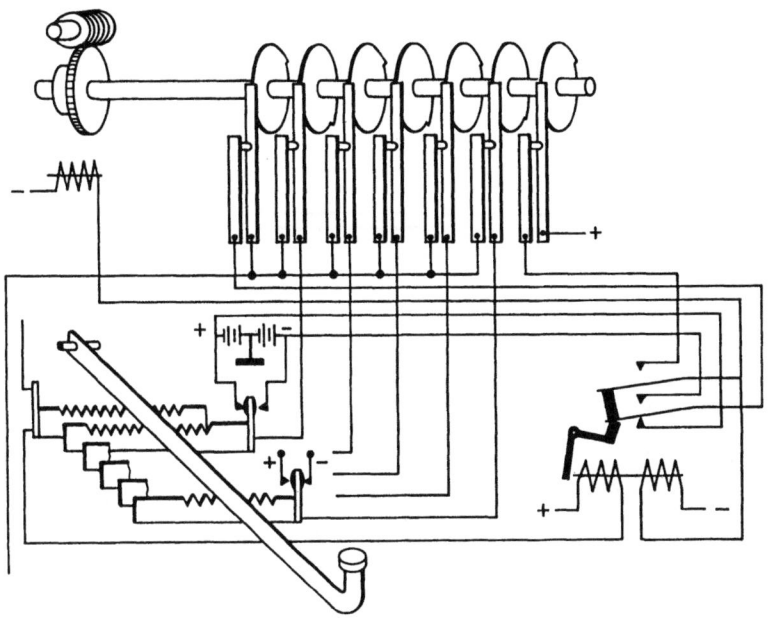

Bild 309 Allgemeine Kombinationen: Fernschreibmaschine

In dem Bild ist der Geber einer Fernschreibmaschine dargestellt. Durch Verstellung der Taste der Fernschreibmaschine wird die Bewegung dieser Taste in die Aus- und Ein-Stellung von fünf Schaltern verwandelt und somit eine Verschlüsselung der Tastenbewegung vorgenommen. Die Stellung dieser Schalter wird nacheinander durch den darüber gezeigten Abfragemechanismus, nämlich eine Synchronmotor-getriebene Welle mit Nockenscheiben, deren Nocken versetzt sind, durch Betätigung der darunter befindlichen Kontakte abgefragt. Die Stellung der fünf Schalter wird somit in Form von positiven und negativen Stromstößen über die Leitung gegeben. Ein ähnlicher Mechanismus verwandelt die ankommenden Impulse in die Verschiebung von fünf Verriegelungsschienen, die bereits in Bild 192 in den mehrfachen Schaltern gezeigt wurden. Diese fünf Verriegelungsschienen gestatten nur die Bewegung einer der ca. 32 Tasten. Es handelt sich hier um die Kombination von zwei Grundmaschinen, und zwar um von Hand und mittels Motor angetriebene Mehrfach-Schalter.

6.4.3
Askania-Stromwaage

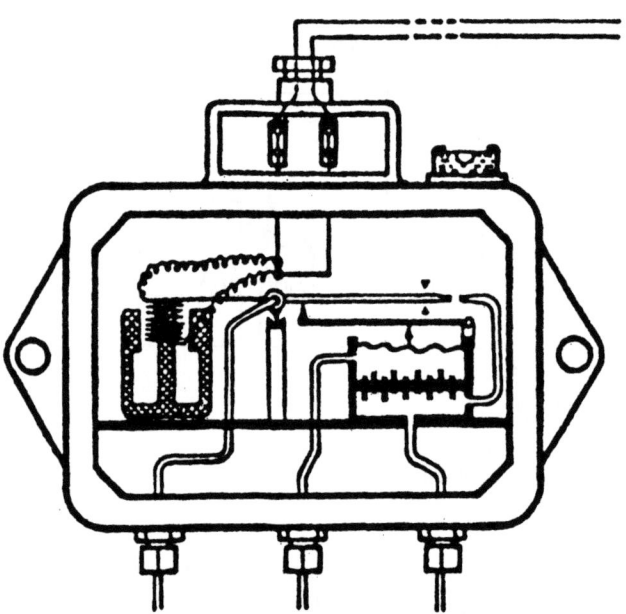

Bild 310 Allgemeine Kombinationen: Askania-Stromwaage

Die Askania-Stromwaage enthält ein ruhendes Energiesystem. Der Waagebalken wird durch das Elektromagnetsystem angetrieben das die Stellung des Strahlrohres verstellt. Die Gegenkraft des Elektromagneten wird durch ein selbststeuerndes hydraulisches System erzeugt, das den durch dieses Strahlrohr erzeugten Luftdruck über eine Drosselstelle auf einen Magneten als Gegenkraft wirken läßt. Die Aufgabe ist die selbsttätige proportionale Umwandlung des elektrischen Stromes in einen Luftdruck. Verwendet wird hierzu ein Grundmaschinensystem, das durch ein zweites Grundmaschinensystem im Gleichgewicht gehalten wird.

6.4.4
Fallbügelregler

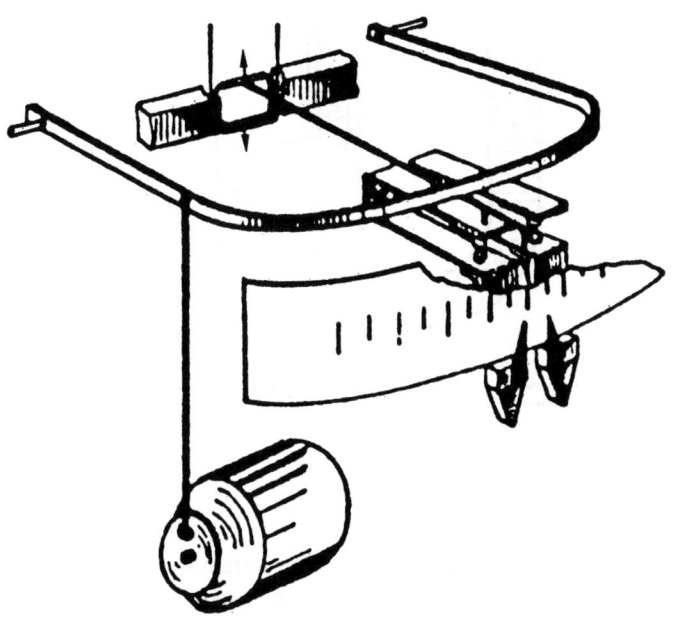

Bild 311 Allgemeine Kombinationen: Fallbügelregler

Der Fallbügelregler besteht aus dem angetriebenen ruhenden Energiesystem als Meßsystem, dem Fallbügel als angetriebenem bewegten Energiesystem und einem Schalter. Der Antrieb dieses Schalters erfolgt durch Kopplung des auf- und abgehenden Fallbügels über die Zeiger des Meßsystems mit der gezeichneten Schaltfeder. Die Wirkung ist die Verstärkung des Meßimpulses zur Betätigung des elektrischen Schalters für größere Schaltleistungen. Hier sind zwei Grundmaschinen mit einer dritten, nämlich dem angetriebenen Schalter kombiniert.

6.4.5
IG-Pumpen für Gasmeßgeräte

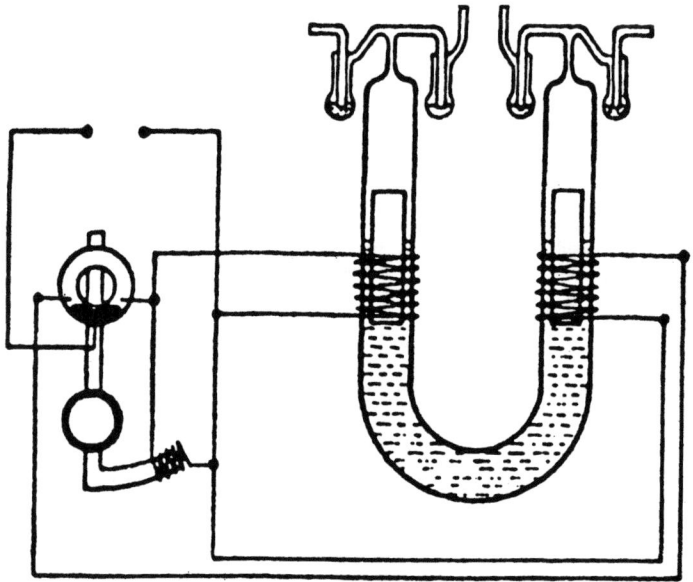

Bild 312 Allgemeine Kombinationen: IG-Pumpe für Gasmeßgeräte

Bei diesem Gerät wird ein selbststeuerndes Schwingungssystem mit elektrischem Antrieb gekoppelt mit einem hydraulischen Schwingungssystem. Die Kopplung erfolgt durch Schalterbetätigung im ersten Schwingungssystem. Die Schalter steuern wechselweise Magnetspulen, die schwingende Anker anziehen und das hydraulische Schwingungssystem in Schwingung versetzen. Die hin- und hergehende Bewegung der Spiegeloberfläche wird als Pumpe für die zu fördernden Gase in Meßgeräten benutzt. Es handelt sich hier um eine interessante Kombination von drei Grundmaschinen, die alle selbststeuernd ausgebildet und miteinander gekoppelt sind.

In diesem Rahmen konnte nur gezeigt werden, daß die entwickelten Grundmaschinen für die Analyse der Maschinen und Apparate geeignet sind und daß ohne Einführung komplizierter und schwer zugänglicher Begriffe der Aufbau der Maschinen erkannt werden kann. Auf diese Weise lassen sich auch schon nach geringem Arbeitsaufwand die Abwandlungsmöglichkeiten bekannter Typen für vorgegebene Aufgaben übersehen und so sicher neue Kombinationen finden. Es ist klar, daß einmal durch systematische Kombination der entwickelten Grundmaschinentypen eine Gesamtübersicht geschaffen werden muß.

7 Auswahl der technischen Mittel für einen vorgegebenen Zweck

7.1 Verknüpfung von Zweck und Mittel
7.2 Wahl nach den speziellen Eigenschaften der Mittel

Mit der Ableitung der Elemente von den Grundfunktionen bis zu den grundlegenden Maschinen sind die neuen Variationsgesichtspunkte für das Konstruieren gefunden. Der nächste Schritt muß nun der sein, Maschinen für einen vorgegebenen Zweck auszusuchen. Alle bisher durchgeführten Ableitungen beziehen sich auf den Energiekreis, so daß auch die Funktion der gesuchten Maschine auf den Energiekreis bezogen werden muß. Funktion und tatsächlicher Zweck stimmen dann natürlich in einem beschränkten Maße überein. So ist z.B. die Aufgabe einer Fernschreibmaschine bezogen auf den Energiekreis als eine Bewegungsübertragung einer von Hand gewählten Taste einer Schreibmaschine auf die gleiche einer zweiten, also die wahlweise Betätigung von ca. 32 Tasten aufzufassen.

7.1 Verknüpfung von Zweck und Mittel

Im folgenden ist eine Übersicht der Aufgaben zusammengestellt, die in einem Energiekreis zu erfüllen sind. Für jede Gruppe sind zum Teil die bereits entwickelten Beispiele angeführt, die sich noch weit vermehren ließen. Es soll nun wieder deutlich gemacht werden, welche Mittel für diese allgemeinen Aufgaben zur Anwendung gelangen.

7.1.1
Speicher

Statisch	mechanisch	Federn
	hydraulisch	Akkumulatoren
	elektrisch	Kondensatoren
Dynamisch	mechanisch	Schwungrad
	hydraulisch	hydraulischer Widder
	elektrisch	durch Stromstöße beaufschlagte Spulen

Für das Speichern von Energie kommen statische und dynamische Effekte in Frage, und zwar Federn, hydraulische Akkumulatoren und Kondensatoren als statische und das Schwungrad, die in Bewegung befindliche Flüssigkeitssäule und die stromdurchflossene Spule als dynamische Speicher. Große Energiemengen werden hydraulisch in Talsperren gespeichert.

7.1.2
Umwandlung von Bewegungsform und Energieart

Umwandlung der Bewegungsform
    Fließbewegung in Drehbewegung   mechanischer Seilantrieb
    Drehbewegung in Schwingbewegung mechanisches Gelenkviereck
Umwandlung der Energieart
    mechanisch / hydraulisch   Pumpen
    mechanisch / elektrisch   Generatoren
    elektrisch / mechanisch   Motoren

Zur Umwandlung der Bewegungsform wird die Kopplung zwischen An- und Abtrieb in irgendeiner Form beeinflußt bzw. andere Kopplungsarten verwendet. Als Beispiel seien hier der Übergang von der Fließbewegung eines Seiles über eine Riemenscheibe in die Drehbewegung einer Welle genannt, oder die Umwandlung der Drehbewegung in eine Schwingbewegung über das Gelenkviereck, d.h. die bestimmte Form und Dimensionierung des Gelenkvierecks. Die Umwandlung der Energieart geschieht im allgemeinen durch Kopplungen, z.B. mechanische in hydraulische Energie durch Pumpen, mechanische in elektrische Energie durch Generatoren und elektrische in mechanische Energie durch Elektromotoren, wobei es offen bleibt, ob hierfür reine Kopplung oder selbststeuernde Maschinen verwendet werden.

7.1.3
Energie der Bewegung

Zwanglauf	mechanisch	Zahnräder
	hydraulisch	Kolbengetriebe
	elektrisch	Synchronmotor
Schlupflauf	mechanisch	Reibradgetriebe
	hydraulisch	Turbine
	elektrisch	Asynchronmotor

Für die Veränderung des Verhältnisses des statischen zum dynamischen Anteil der Energie werden im Zwanglauf Mehrfachkopplungen wie Zahnräder, Kolbengetriebe und Synchronmotoren und im Schlupflauf Reibradgetriebe, Turbinen und Asynchronmotoren, also bedingte Kopplungen verwendet.

7.1.4 Bewegungsformen

Fließbewegung
    mechanisch   Seiltrieb
    hydraulisch   Talsperren-Stollen
    elektrisch   Gleichstrom
Schwingbewegung
    mechanisch   Schwingsieb
    mechanisch   Uhrenantrieb
Drehbewegung
    mechanisch   Welle
    hydraulisch   Strudel
    elektrisch   Drehstrom
Kippbewegung
    hydraulisch   Kippwassermesser

Bei der Leitung der verschiedenen Bewegungsformen ist maßgeblich die Leitung dieser Bewegungen vom ruhenden Raum bzw. die Verhinderung der Ableitung der Energie, wofür die eingangs angeführten verschiedenen Leitungsarten in Frage kommen und je nach der Energieart ausgewählt werden. Besondere Fälle sind die Erzeugung von einer hydraulischen Drehbewegung in Form eines Strudels mittels eines Leitapparates für die Umwandlung der hydraulischen Energie in eine mechanische. Für Schwingungsbewegungen werden beispielsweise federnde oder schwingende Lagerungen verwendet. Genaue Schwingungsbewegungen werden grundsätzlich mechanisch erzeugt, auf die selbst genaue elektrische Bewegungen bezogen werden, wie das mittels Schwingquarzes durchgeführt wird. Kippbewegungen zumal besonders hoher Frequenz lassen sich am besten elektrisch erzeugen, während die Übertragung genauer Drehbewegungen meistens elektrisch durch Synchronmotoren erfolgt.

7.1.5 Bewegungsübertragung

Energiefernleitung   Hochspannungsleitung
Signal-Übertragung   Fernschreibmaschine

Die Energieübertragung im Großen erfolgt bevorzugt elektrisch, begrenzt auch hydraulisch z.B. in Druckluftanlagen, in kleineren Bereichen mechanisch. Es kann auch eine kombinierte Systemanwendung z.B. in elektrischen Schaltanlagen, in denen die Steuerimpulse elektrisch und die Verstellbarkeit hydraulisch vorgenommen wird, erfolgen. Die gesamte Signalübertragung und Fernmeldetechnik hat sich aus der Aufgabe entwickelt, zuerst einfache, dann ausgewählte Bewegungen von der Bewegung einer einfachen Handtaste (Morsetaste) bis zur Bewegung einer bestimmten Taste einer Fernschreibmaschine fern zu übertragen. Die Anwendung der Impulse als Schrittschaltimpulse, als Impulsfrequenz und Impuls-Zeitverfahren, sowie als Impulskombination, wie bei der Fernschreibmaschine stellt die Weiterentwicklung der schon angedeuteten Möglichkeiten dar.

7.1.6
Anpassung an den Verbrauch

Drehzahl
    extrem hoch   Gleichstromkollektoren; Luftturbinen
    extrem niedrig   über Getriebe
Konstante Umfangskraft (bei veränderlicher Umfangsgeschwindigkeit)
    mechanisch   verstellbare Kupplung
    hydraulisch   Füllungsänderung einer hydraulischenKupplung
    elektrisch   veränderliches Feld
Momenten-Steigerung
    mechanisch   Schaltgetriebe
    hydraulisch   Föttinger-Getriebe
    elektrisch   Leonard-Ward-Antrieb
Sanftanlauf
    mechanisch   Lamellenkupplung
    hydraulisch   Füllung einer hydraulischen Kupplung
    elektrisch   Phasenwiderstand
Gleichlauf
    mechanische Welle
    elektrische Welle
    Verwendung von Synchronisier-Impulsen

Arbeitsmaschinen und Versuchsmaschinen stellen besondere Anforderungen. Ganz hohe Drehzahlen z.B. werden mit Gleichstromkollektormotoren oder Luftturbinen, ganz kleine Drehzahlen über Zahnradgetriebe erzeugt. Bei Maschinen, bei denen Fäden oder Bänder aufgewickelt werden, wird eine konstante Umfangskraft verlangt, die mechanisch durch eine verstellbare Kupplung, durch Füllungsänderung einer hydraulischen Kupplung oder durch veränderliche elektrische Maschinen erzeugt wird, wobei für diese Aufgabe meist noch Regler zur Anwendung kommen müssen. Für das Anfahren von Fahrzeugen werden Maschinen gebraucht, bei denen sich die eingeleitete Energie zwischen einem hohen Anfahrmoment mit ganz geringer Drehzahl bis auf ein kleines Moment mit hoher Drehzahl wenn möglich selbsttätig ändert. Diese Aufgabe wird entweder mechanisch durch Schaltgetriebe oder Getriebe mit bedingten Kopplungen (Reibradgetriebe), durch hydraulische Maschinen wie Föttinger-Getriebe oder durch elektrische Maschinen wie die Leonard-Antriebe gelöst. Eine ähnliche Aufgabe ist der Sanftanlauf von Maschinen, der über mechanische Kupplungen, die Füllungsänderung einer hydraulischen Kupplung und elektrisch durch Normalmotoren mit Phasenwiderstand durchgeführt wird. Der Gleichlauf von Maschinen, die im Laufe eines Verfahrens hintereinander geschaltet sind, wird, wie das beispielsweise bei der Zellwolle- und Papierherstellung der Fall ist, für die einzelnen Maschinenaggregate über eine mechanische Welle, die die verschiedenen elektrischen Antriebe synchronisiert, über elektrische Synchronmotoren in Übereinstimmung gebracht. In der Fernmeldetechnik verwendet man zum Synchronisieren von Geberimpulsen meist besondere Synchronisierimpulse.

7.1.7
Manipulationen

Verstärken
- mechanisch   Spill
- hydraulisch Verstärker des Askania-Reglers
- elektrisch   Elektronen-Röhre

Messen
- mechanisches Messen mechanischer Größen
- elektrisches Messen mechanischer Größen
- elektrisches Messen elektrischer Größen

Steuern
- mechanisch   Kurvenscheibe
- hydraulisch Endschalter
- elektrisch   Endschalter

Regeln
- mechanisch   Fliehkraftregler
- hydraulisch (Allo-) Dampfdruckregler
- elektrisch   Spannungsregler

Sichern
- mechanisch   Berstplatte
- elektrisch   Strom- und Spannungssicherungen

Kompensieren
- einfache Kompensation
- selbsttätige Kompensation

Schützen
- Differential-Schütz
- Buchholz-Relais

Besondere Manipulationen sind mit kleinen Energiemengen vorzusehen, wie sie besonders auf dem ganzen Gebiet der Meßtechnik zur Anwendung kommen.

Verstärken: Für das Verstärken kleinerer Energiemengen werden beinahe sämtliche Effekte und Maschinen zur Anwendung gebracht. So wird eine Verstärkerwirkung schon in gewöhnlichen Schaltern wie beispielsweise der Elektronenröhre erzielt, bei der die schaltende Gitterspannung einen erheblich größeren Energiefluß sperren oder freigeben kann. In ähnlicher Weise bewirken geringe Verstellkräfte die Verstellung des Strahlrohres eines Askania-Reglers oder des Drosselventiles eines Arca-Reglers, um hydraulische Beispiele zu nennen. Die Anwendung einer veränderlichen Kopplung stellt das Spill dar, das nicht nur in Häfen und im Eisenbahndienst, sondern auch in Meßinstrumenten zur Verstärkung mechanischer Kräfte verwendet wird. Selbst ein Kippsystem, das durch den ankommenden zusätzlichen Energieimpuls zum Kippen gebracht wird, kann zur Verstärkung von Schalteffekten herangezogen werden. Erwähnt wurden bereits der Fallbügel, der normale angetriebene Schalter, sowie die einfallenden Kopplungen eines Spulapparates.

Messen: Das Messen soll in Kapitel 8 noch einmal als ein besonderes Beispiel für den Gebrauch der ausgebildeten Mittel besprochen werden.

Steuern und Regeln: Steuermechanismen werden als angetriebene Schalter ausgebildet, die von irgendeiner zwangläufigen Bewegung aus betätigt werden und wofür schon Beispiele von Endschaltern bei Werkzeugmaschinen und Verstellmotoren bei Klimaanlagen erwähnt wurden. Ein interessantes Beispiel hierfür ist die Programmsteuerung, die z.B. bei Fallbügelreglern, aber auch bei hydraulischen Reglern zur Anwendung gelangt. Für die Regler wurden schon genügend Beispiele gebracht.

Kompensieren: Das Kompensieren besteht in dem Gegenschalten eines veränderlichen Meßkreises gegen einen zu messenden Kreis unter Zwischenschaltung eines Meßinstrumentes, das den vollzogenen Ausgleich zwischen beiden Systemen anzeigt. Diese Kompensation kann auch selbsttätig erfolgen. Es würde hier zu weit führen, auf die Wahl komplizierter Systeme einzugehen.

Sichern und Schützen: Eine einfache Aufgabe ist das Sichern der Leitungssysteme durch Strom- und Spannungssicherungen, für die bereits auch Beispiele in Form von Scherstiften, Berstplatten und Schmelzsicherungen erwähnt wurden. Die Leitungssysteme insbesondere in elektrischen Kreisen sind gegen Störungen zu schützen z.B. gegen Blitzschlag. Als Beispiel für den Schutz eines Transformators sei der Buchholzschutz angeführt, der aus einem gekoppelten Schalter besteht oder der Differentialschutz als Leitungsschutz von wesentlich komplizierterem Aufbau.

7.1.8
Bewegungswahl

Von Hand (nichtselbsttätig) Telefonwähler
                           rechnen
Selbsttätig   Sortiermaschinen
                           Jacquard-Steuerung
                           Lochkartensteuerung
                           Lochstreifen

Eine besondere Aufgabe in der Technik ist die Bewegungswahl, sowohl in Form der nichtselbsttätigen, d.h. der Bewegungswahl von Hand, wie z.B. beim Wählen in der automatischen Telefonie oder bei Rechenmaschinen, als auch der selbsttätigen in Form von Sortiermaschinen, die Fädenwahl bei Textilmaschinen z.B. in Jacquardstühlen, die Kartenwahl der Hollerithmaschinen. Die Bewegungswahl wird ganz allgemein durch Schalter und deren Kombinationen durchgeführt.

7.1.9
Arbeitsleistung

Arbeit   mechanisch   Zwirnmaschinen
         hydraulisch Pumpen
Zustand mechanisch   Spindelpresse
         hydraulisch hydraulische Presse
         elektrisch   Heizung

Die Energie wird zur Erzielung mechanischer Arbeit sowie zur Erzeugung eines Zustandes verwendet entweder nur zur Aufrechterhaltung von bestimmten an sich schon früher abgeleiteten Bewegungen oder zum Fördern von Material, wie das z.B. in hydraulischen Pumpen der Fall ist. Die Erzeugung eines mechanischen oder hydraulischen Druckes oder elektrischer Wärme erfolgt mittels einfacher Kopplungen. Für die verschiedenen Aufgaben des Energiekreises gelangt also jeweils eine verhältnismäßig begrenzte Anzahl von Mitteln zur Anwendung. Es soll darauf hingewiesen werden, daß manche Anregung ausgetauscht werden kann zwischen Gebieten, die in der Praxis vollkommen voneinander getrennt sind. Insbesondere lassen sich die Methoden der Fernmeldetechnik auch mechanisch oder hydraulisch in mancher interessanten Stellung verwenden.

7.2
Wahl nach den speziellen Eigenschaften der Mittel

Nach der Zusammenstellung der für die verschiedenen Zwecke im Energiekreis verwendeten Maschinen müssen noch einige Bemerkungen über die Auswahl bestimmter Anordnungen gemacht werden, die sich aufgrund der speziellen Eigenschaften der Mittel ergeben. Wie sich aus den Anwendungsbereichen der Maschinen nach der vorangegangenen Aufstellung ergibt, machen sich die physikalischen Eigentümlichkeiten der Anordnung bei der Auswahl bemerkbar. Während bisher nur nach den physikalisch überhaupt möglichen Anordnungen gefragt worden war, müssen wir nun die Gesichtspunkte aufzeigen, unter denen die physikalischen Eigenschaften erfaßt werden können.

Kummer [64] hat für eine Reihe einer physikalischen Betrachtung zugänglichen Maschinen die Grundlagen für die Aufstellung von Wachstumsgesetzen und Typenreihen aufgestellt und auch das Betriebsverhalten der so gekennzeichneten Maschinen dargestellt. Als Grundlage werden benötigt der Zusammenhang zwischen der normal umgesetzten Energie und einer maßgeblichen Raumdimension des wesentlichen Maschinenteils, eine Bestimmungsregel dieser Raumdimension, eine Festlegung der Geschwindigkeit dieses maßgebenden Maschinenorgans. Daraus läßt sich die eine Maschinenreihe kennzeichnende Leistungs-Drehzahl-Beziehung als einfaches Potenzgesetz darstellen mit verschiedenen Exponenten, die für die einzelnen Maschinen kennzeichnend sind. Die Einführung des Wirkungsgrades ermöglicht es dann, Kennlinien aufzustellen, die die Abhängigkeit dieses Wirkungsgrades bei anderen Belastungen als der Nennlast zeigen. Diese Kennlinien sind zur Beurteilung des Betriebsverhaltens der Maschinen bei jedem anderen als dem Nennzustand von besonderem Interesse.

Diese Überlegungen lassen sich natürlich auch zurückverlegen nach unserem Ausgangspunkt, den physikalischen Effekten, für die Energieumsatz, Wirkungsgrad, Raumdimension und eine evtl. Geschwindigkeitsgröße zur Charakterisierung des Effektes feststellbar sind. Um ein Beispiel zu nennen sei angeführt, daß im Raumvolumen Gewichtskräfte von der Größe (Volumen x spezifisches Gewicht) untergebracht werden können. In einem Hydraulikzylinder kann ein Arbeitsvermögen von der Größe (Hubvolumen x Druck) gespeichert werden. Oder es gibt eine große Reihe von Effekten, die in Folge ihrer geringen Wirkungsstärke nur für Meßzwecke brauchbar sind wie z.B. der thermoelektrische und der Thermowiderstands-Effekt. In diesen Fällen sind die Effekte so klein, daß beim Vorliegen gleichwertiger Effekte die Auswahl nach dem geringsten Aufwand für die notwendige Verstärkung erfolgt.

Entsprechende Eigentümlichkeiten ergeben sich bei den Meßsystemen, so wie z.B. Meßsysteme sowohl in der Schwinglage als auch in der Auflage, den beiden Rastlagen eines ruhenden Systems ausgeführt werden können, und zwar die Meßinstrumente der höheren Güteklasse in der Schwinglage, während für gröbere

7.2 Wahl nach den speziellen Eigenschaften der Mittel

Instrumente die Auflage gewählt wird. Auch bei den Beispielen für die Grundmaschinen zeigt sich die Bevorzugung einzelner Maschinentypen für besondere Aufgaben. So kommt beispielsweise ein angetriebenes ruhendes System bevorzugt in Meßinstrumenten zur Anwendung, das selbststeuernd ausgebildet die viel verwendeten Regler darstellt. Selbststeuernde ruhende Systeme werden kaum für andere Zwecke verwendet. Für die Zeitmessung werden schwingende mechanische Systeme, in Sonderfällen umlaufende, in ganz begrenzten Fällen im Anlauf befindliche Systeme verwendet.

Nach dem Vorgang von Kummer [64] lassen sich nun weitergehende Betrachtungen über das Zusammenschalten von Maschinen verschiedener Charakteristik anschließen, die auch noch auf die von uns her entwickelten Typen auszudehnen wären. Vom konstruktiven Standpunkt besonders interessant sind hierbei die zu gewinnenden Gesichtspunkte über die Entwicklung von Typenreihen von Maschinen. Hier lassen sich auch Betrachtungen über das Aufsuchen von Baukastensystemen anschließen, die im besonderen für die Betriebsführung der Verfahrensindustrie von großer Wichtigkeit wären.

8 Gebrauch der ausgebildeten Mittel

Nach der Analyse der Maschinen und der Zusammenstellung der Mittel für das Lösen der technischen Aufgaben, soll nun an einem Beispiel gezeigt werden, wie man beim Lösen bestimmter Aufgaben von diesen Mitteln Gebrauch macht. Als Beispiel wird die Meßtechnik gebracht. Das Messen dient im Produktionsbetrieb:

1. Zur Einhaltung der Fabrikationsbedingungen, dazu gehört:
   1.1 Die Einhaltung der physikalischen Bedingungen des Verfahrens: Die wichtigsten Zustandsgrößen sind der Druck und die Temperatur, die auch in Abhängigkeit von der Chargendauer zu fahren sind. Zu den Fabrikationsbedingungen gehören auch:
   1.2 Die Einhaltung der Konstanten oder Prüf-Werte des Produktes. Die wichtigste Aufgabe bei allen Formungsverfahren ist die Einhaltung bestimmter Abmessungen bis zum Kopieren von Modellen. Prüfwerte sind beispielsweise der Glanz, die Isolationsfähigkeit, die Viskosität, der pH-Wert, Dichte, Gehalt an CO_2.
2. Zur Schaffung von Betriebsunterlagen, die der Betriebsführung zur Feststellung des einwandfreien Produktionsablaufes bzw. zur Auffindung von Fehlerquellen dienen.
   2.1 Zur Feststellung des Wirkungsgrades, des Energieaufwandes, d.h. des Verhältnisses der in der Produktion nutzbringend verwandten Energie zur tatsächlich aufgewendeten. Wirkungsgrade sind für alle Energieverbraucher feststellbar.
   2.2 Zur Feststellung der Ausbeute. Mengen- und gewichtsmäßig von besonderer Wichtigkeit ist die Kenntnis der Abfallmengen.
3. Zur Feststellung einer Fehlerstatistik über auftretende Fabrikationsfehler bezüglich Festigkeit (Fadenbruchzahl), Zählen von Ausschußteilen bezüglich der Abmessungen, die Maschinen- und Apparateausnutzung (mittlere Betriebszeit), Standzeit der Werkzeuge, Arbeitsstatistik bezüglich Anwesenheit, tatsächlicher Arbeitszeit, Nebenzeiten, Prämien.

Nur mit derartigen Unterlagen ist eine Betriebsführung in der Lage sich jederzeit eine Vorstellung über den Aufwand bezüglich des Rohmaterials und der aufgewendeten Energie und menschlichen Arbeit zu machen.

Die vorzunehmenden Messungen sind in irgendeiner Weise mit Normalien, im allgemeinen mit dem physikalisch-technischen Maßsystem, der Grundlage der Physik überhaupt, in Beziehung zu bringen. Solche Normalien sind das Urmeter, die Normalmasse (kg), die Normalzeiteinheit, das Normalelement (Volt) und das Normal-Ampere in seiner elektrolytischen Definition. Auf diese Einheiten werden die Meßinstrumente geeicht, auch wenn ihnen andere physikalische Prinzipien zugrunde liegen.

Man kann natürlich auch indirekt über einen physikalischen Zusammenhang messen, wie z.B. die Tiefe als die Laufzeit eines Impulses beim Echolot, den pH-Wert als die Polarisationsspannung zweier Elektroden oder den Akkord eines Heizers aus den Amperestunden eines CO_2-Messers. Auch von der Zwischenschaltung einer Zustandsänderung zwischen Meßwert und Messung kann Gebrauch gemacht werden, wie das beim MacLloyd-Vakuummeter der Fall ist.

Alle Messungen dienen dazu, irgendwelche Eingriffe in den Betriebsablauf vorzunehmen. Je nachdem, ob nur die menschliche Bedienung zur Handlung veranlaßt werden soll oder diese Handlungen selbsttätig vorgenommen werden sollen, sind die Anforderungen an die Form der Meßergebnisse verschieden. Vom Einfachen zum Schwierigen steigend kann verlangt werden:

1. das Signal   Warnsignale
2. Ablesung   Manometer
3. Ablesung nach Rechenoperationen   Gasmesser mit Normalkubikunterteilung
4. Registrierung   Sechsfarbenschreiber
5. Belegdrucker   Waage mit Druckeinrichtung
6. Zähler   Hubdrehzähler
7. Schaltung   Kontaktmanometer
8. Regelung   Kompensationsregelung
9. Programmregelung   Fallbügelprogrammregler

Wir wollen nun die Verbindung von den Meßwerten zu den physikalischen Grundeinheiten herstellen. Der physikalische Effekt, der der Messung zugrunde liegt, muß eine Längenänderung, Kraftänderung, Bewegungs- bzw. Wirkungsänderung liefern. Diese benutzt man zum Antrieb eines Energiesystems, bzw. als Energiequelle für eine der abgeleiteten Grundmaschinenarten. Die reine Längenänderung kann allerdings auch durch den bloßen Vergleich mit einem Meßstab gemessen werden. Für viele Messungen werden jedoch die Längenänderungen in Kraftänderungen verwandelt. Die meßwertgetreue Verwandlung der Kopplungsarten ist ein besonderes Gebiet der Meßtechnik.

Da eine systematische Entwicklung der Meßgeräte hier zu weit führen würde, wollen wir die früher gegebenen Konstruktionsgesichtspunkte, die an die Begriffe Effekt, Funktion, Energiesystem und Grundmaschine geknüpft sind, mit meßtechnischen Beispielen belegen, soweit nicht schon früher abgeleitete Anordnungen dafür verwendet werden können.

Als Beispiel werden angeführt für die Verwendung der Effekte der Gebrauch von freien Kräften, und zwar als freie Kraft eines Haar-Hygrometers (Bild 313), als Kraft eines Bourdon-Rohres (Bild 314), als Kraft in einem Weicheisenkern, der in eine Magnetspule eingezogen wird (Bild 315).

8 Gebrauch der ausgebildeten Mittel 143

  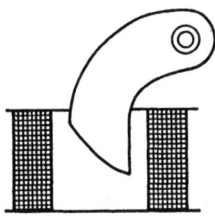

Bild 313
Physikalische Effekte, Beispiele
freie Kraft eines
Haar-Hygrometers

Bild 314

Kraft eines
Bourdonrohres

Bild 315

Kraft von Magnetspule
auf Weicheisenkern

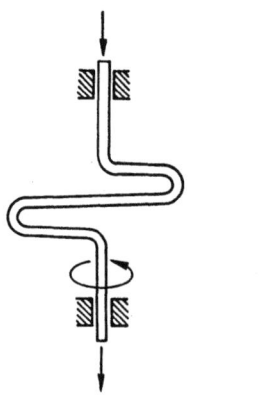 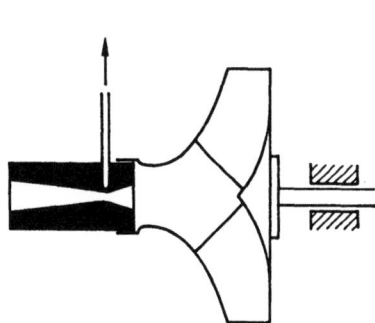

Bild 316 **Bild 317**
Anwendung physikalischer Effekte zu Meßfunktionen; Umwandlung (Kopplung)
Drehzahl – Widerstandsänderung   Drehzahl – statischer Druck

Die Effekte lassen sich zu verschiedenen Meßfunktionen verwenden, d.h. als Meßsperrungen und Meßkopplungen, und zwar die Verwandlung der Drehzahl in die Widerstandsänderung eines Überturbulenz-Rohres (Bild 316) und die Verwandlung einer Drehzahl in einen statischen Druck (Bild 317), die dann in entsprechender Kopplung zur Wirkung gebracht werden.

144 8 Gebrauch der ausgebildeten Mittel

Für die Anwendung der früher abgeleiteten Energiesysteme werden in der folgenden Bilderreihe je ein Beispiel gebracht, und zwar für ein ruhendes Energiesystem eine Neigungswaage (Bild 318), für Ruhelagen in einem bewegten System der Fliehkraftregler (Bild 319), für ein bewegtes System der Teil eines Zungenfrequenzmessers (Bild 320), für ein bewegtes System in dynamischen Feldern der Kreiselkompaß (Bild 321).

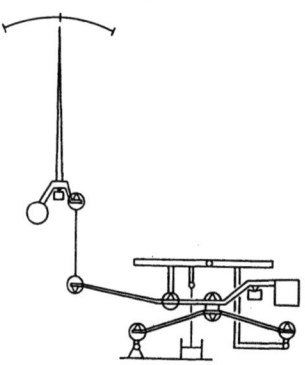

Bild 318
Anwendung von Energiesystemen, Beispiele
ruhendes System
Neigungswaage

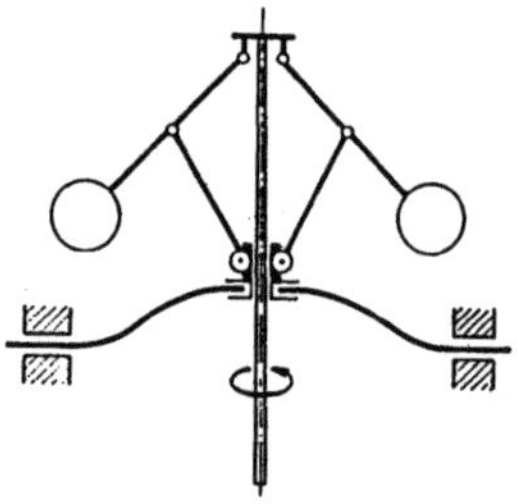

Bild 319

Ruhelage in bewegtem System
Fliehkraftregler

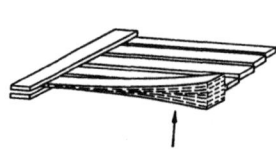

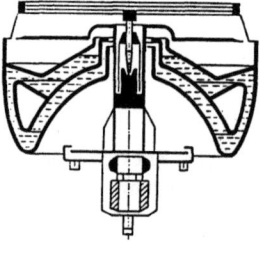

Bild 320
Anwendung von Energiesystemen, Beispiele
bewegtes System in ruhendem System
Zungenfrequenzmesser

Bild 321

bewegtes System in dynamischem Feld
Kreiselkompaß

Als Beispiel für ein System, in dem der Stoß zur Anwendung kommt, der Shore-Härteprüfer (Bild 322) und für ein System, das sich im Anlauf befindet das Meßsystem eines Echolotes (Bild 323), das nach Freigabe durch einen Magneten von einer Feder in Gang gesetzt und durch eine von einem zweiten Magneten ausgelöste Bremse zum Halten gebracht wird.

Für die Verwendung der Grundmaschinen werden Beispiele in der folgenden Bilderreihe gebracht, und zwar als geschaltete Kopplung der Kompensationskreis (Bild 324), als gekoppelter Schalter das Meßrelais (Bild 325).

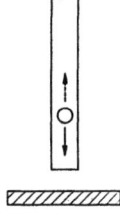

Bild 322
Anwendung von Energiesystemen, Beispiele
Stoß-System
Shore-Härteprüfer

Bild 323

anlaufendes System
Echolot

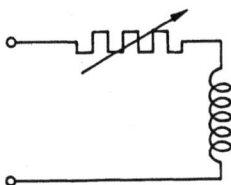

Bild 324
Verwendung der Grundmaschinen, Beispiele
geschaltete Kopplung
Kompensationskreis

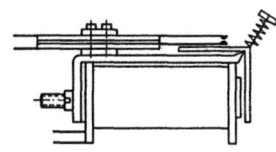

Bild 325

gekoppelter Schalter
Meßrelais

146 8 Gebrauch der ausgebildeten Mittel

Als Beispiel für eine selbststeuernde Kopplung der Kolbenwassermesser (Bild 326), als angetriebenes ruhendes Energiesystem das Kreuzspulinstrument (Bild 327). Als Beispiel für ein selbststeuerndes ruhendes System der Allo-Regler (Bild 328), als bewegtes Energiesystem wieder der Frequenzmesser (Bild 329).

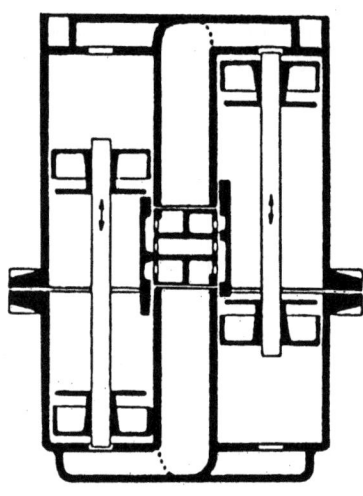

Bild 326
Verwendung der Grundmaschinen, Beispiele
selbststeuernde Kopplung
Kolbenwassermesser

Bild 327
angetriebenes ruhendes System
Kreuzspulinstrument

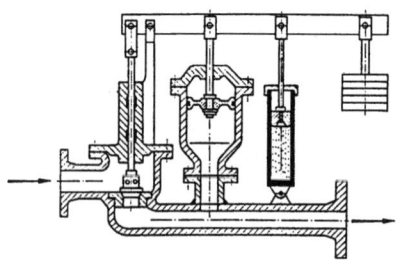

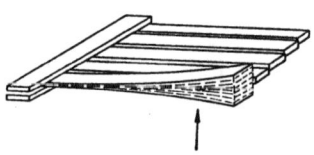

Bild 328
Verwendung der Grundmaschinen, Beispiele
selbststeuerndes ruhendes System
Allo-Regler

Bild 329
bewegtes System
Frequenzmesser

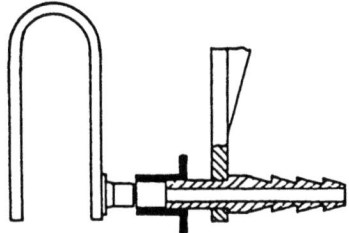

Bild 330
Verwendung der Grundmaschinen, Beispiel
selbststeuerndes bewegtes System: hydraulisch angetriebene Stimmgabel

Schließlich als Beispiel für ein selbststeuerndes bewegtes System die hydraulisch angetriebene Stimmgabel (Bild 330).

Diese Beispielreihen ließen sich noch weiter ergänzen durch die Anwendung der verschiedenen Leitungs-, Sperrungs- und Kopplungsanordnungen. Es kommt hier nur darauf an, zu zeigen, daß man tatsächlich alle Typen kennen muß, wenn man für eine vorgegebene Aufgabe alle physikalisch möglichen Lösungen berücksichtigen will.

9 Einfügung des Systems in die allgemeine Konstruktionslehre

Das eingangs angeführte Schema von Wögerbauer (Bild 33) über die Teilgebiete der Konstruktionslehre können wir nun in eine recht allgemeine Form bringen (Bild 331). Die Wirkungsweise einer Maschine oder eines Apparates wird festgelegt durch die Wahl des Effektes der Grundfunktionen, die damit zu erfüllen sind und durch das zu wählende Energiesystem bzw. Grundmaschinensystem. Wir legen damit die für den vorgegebenen Zweck notwendigen Kombinationen von Elementen fest (Zweckkreis). Die Variationsmöglichkeiten sind hier der Wechsel der Mittel, der Energiesysteme und der Grundmaschinen. Die Ausführungsform wird bestimmt durch die Maße, die sich aus den physikalischen Zusammenhängen ergeben, durch das Herstellungsverfahren, durch Passungen und Normen (Formkreis).

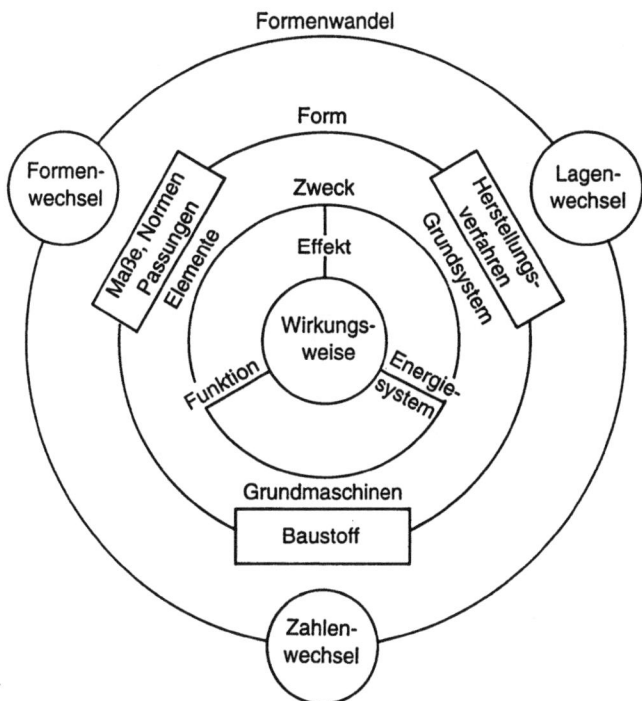

Bild 331 Teilgebiete der Konstruktionslehre nach Wögerbauer und Rodenacker

150 9 Einfügung des Systems in die allgemeine Konstruktionslehre

Die Ausführungsform kann entsprechend den Ausführungen Frankes [29, 30] durch Formenwechsel, Lagenwechsel, Größenwechsel und Zahlenwechsel weiter variiert werden. Zur Übersicht wird an einem Beispiel, dem Antrieb einer Shapingmaschine, in den Bildern 332, 333, 335, der Wechsel der Mittel (Lenker-, Gleit- und Wälzkopplung), in den Bildern 333 zu 336, 334 zu 337 der Formenwechsel und in den Bildern 336 und 337 der Lagenwechsel dargestellt.

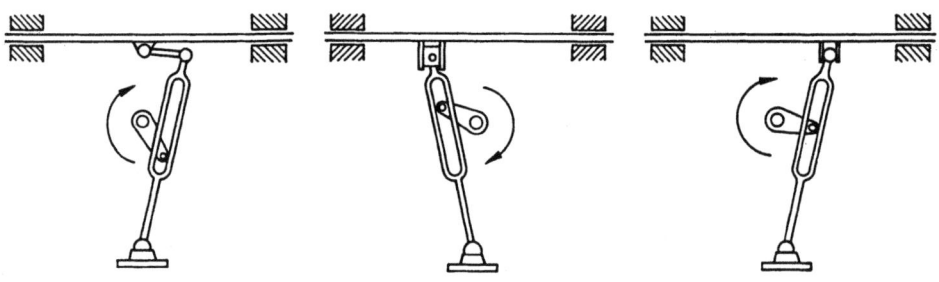

Bild 332　　　　　　**Bild 333**　　　　　　**Bild 334**
Variationstechnik; Beispiel: Shapingmaschine
Lenkerkopplung　　　　Gleitkopplung　　　　　Formenwechsel (vgl. Bild 337)

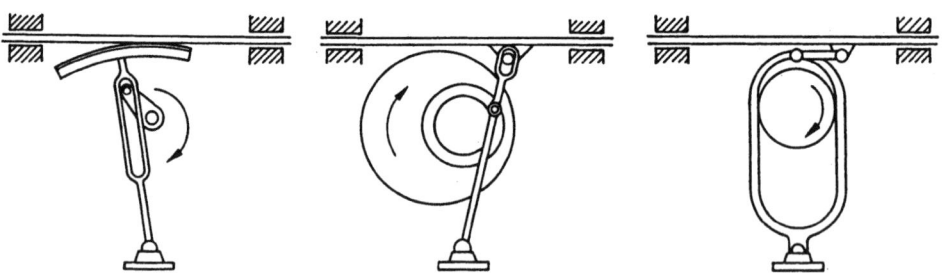

Bild 335　　　　　　**Bild 336**　　　　　　**Bild 337**
Variationstechnik; Beispiel: Shapingmaschine
Wälzkopplung　　　　　Formenwechsel　　　　　Lagenwechsel
　　　　　　　　　　　(vgl. Bild 333)　　　　　(vgl. Bild 336)

9 Einfügung des Systems in die allgemeine Konstruktionslehre

Entsprechend dem gezeigten Schema läßt sich somit tatsächlich eine ganz allgemeine Konstruktionslehre entwickeln, deren Teilfächer ausgebildet werden aus:
1. Der Lehre vom Baustoff bezüglich der physikalischen Daten und Eigenschaften z.B. der Eisen- und Nichteisenmetalle, Kunststoffe und Naturprodukte.
2. Dem Herstellungsverfahren, und zwar der spanlosen und spanabhebenden Fertigung sowie der durch sie bedingten Abmessungen und Passungen.
3. Durch die Lehre von der Wirkungsweise der Maschinen, wie sie hier abgeleitet wurde unter Ergänzung der Eigenschaften der Elemente und Maschinen.
4. Der Formenlehre, wie sie von Rauh und Franke vertreten wird [29, 30, 78–80].
5. Der Lehre von den Normen
6. Der Lehre von der Dimensionierung auf Grund der physikalischen Gesetze, im besonderen der Mechanik (Kinematik und Festigkeitslehre) und der Hydraulik, Elektrizitätslehre, Optik und Thermodynamik. Gerade hier wäre es von besonderem Interesse, wenn die Größenordnung der physikalischen Effekte besonders herausgestellt würde.

10 Zusammenfassung

Wir gingen davon aus, daß rein gefühlsmäßig aus dem Erfahrungsbereich heraus Konstruktionen, bzw. neue Aufgaben gelöst werden. Die Kenntnisse dazu werden durch Nacharbeit bekannter Konstruktionen erworben, was einer Nacharbeit chemischer Präparate ohne Kenntnis des periodischen Systems entsprechen würde. In allen Wissensgebieten und Künsten ist man bestrebt, die Grenze des Bewußten möglichst weit hinauszuschieben; denn das Bewußte ist die Grundlage, auf der erst das Gefühlsmäßige, die schöpferische Phantasie zur Wirkung kommt.

Ansätze dazu sind in der mechanischen Getriebelehre festgelegt, in der die äußere Form der mechanischen Getriebeteile auf Grundformen, die Maschinen auf das Gelenkviereck bestehend aus Antrieb, Abtrieb und verbindender Koppel nach Reuleaux, Rauh, Franke [29, 30, 78–80, 86–91] zurückgeführt werden. Daran schließt sich die vertiefte Untersuchung der Gelenke mit ihren Kombinationen und die Zurückführung von hydraulischen und elektrischen Kopplungen auf gleichwertige mechanische Gelenke nach Franke [29, 30] an.

Ähnlich wie in anderen Wissensgebieten wurde als konstantes Ordnungsmerkmal der Vielzahl der bekannten Maschinen und Apparate entsprechend ihrer physikalischen Grundlage die Energie und der Stoff gewählt. Unter vorläufiger Beschränkung auf den Energiekreis wurden die grundsätzlich möglichen Energiesysteme zusammengestellt; denn alle Maschinen und Apparate stellen ein Energiesystem oder einen Teil davon dar. Die Maschinenelemente erfüllen innerhalb eines solchen Energiesystems eine der drei möglichen Funktionen, indem sie zur Leitung, Sperrung oder Kopplung der Energie oder Energieanteile dienen.

Die auf diesem Wege abgeleiteten Elemente sind unabhängig von der Energieart und lassen sich zu grundsätzlichen Anordnungen kombinieren, die sieben Grundmaschinen, auf die sich alle weiteren Maschinen zurückführen lassen. Die Lehre von der Wirkungsweise der Maschinen ist in Bild 338 noch einmal schematisch zusammengestellt.

Das gefundene Ordnungssystem wurde zur Analyse komplizierter Geräte verwendet. Durch Verknüpfung von Zweck und Mittel wurde eine Übersicht über die Aufgaben im Energiekreis und ihre Lösungen gegeben. Umgekehrt wurde der Gebrauch der entwickelten Mittel für einen vorgegebenen Zweck, nämlich das Messen, in Beispielen erläutert. Schließlich wurde die Lehre von der Festlegung der Wirkungsweise einer Maschine in ein allgemeines Schema der Konstruktionslehre eingeordnet.

Funktion	*Mittel*	*Typen*
Leitungen	Anordnung / physikalische Effekte	einfacher Kreis verzweigter Kreis Brückenkreis
Sperrungen	Anordnung / physikalische Effekte	Schalter Umschalter Wendeschalter
Kopplungen	Anordnung / physikalische Effekte	Zwanglauf Reihenschlupf Zweigschlupf

Energiesysteme	*Die sieben Grundmaschinen*
Ruhendes System in ruhendem / bewegtem System	Geschaltete Kopplung Gekoppelte (angetriebene) Sperrung
Bewegtes System in ruhendem / bewegtem System	Selbststeuernde Kopplung / Sperrung Angetriebenes ruhendes Energiesystem
Anlauf	Selbststeuerndes ruhendes Energiesystem
Auslauf	Angetriebenes bewegtes Energiesystem
Stoß plastisch / elastisch	Selbststeuerndes bewegtes Energiesystem

Bild 338 Übersicht über die Konstruktionssystematik

Für das Konstruieren ergeben sich eine große Reihe neuer bewußter Überlegungsmöglichkeiten. Unabhängig von bekannten Lösungen kann man sich auf physikalischer Grundlage ganz bewußt Typenreihen bilden und schon in Gedanken überblicken, aus denen unter Berücksichtigung der Eigenschaften der Elemente eine Type mit bestimmten Vorzügen für die vorgegebene Aufgabe auszusuchen ist. Umgekehrt lassen sich die Erfahrungen der täglichen Arbeit unter ganz neuen Gesichtspunkten verwerten, die zu einem System, ähnlich der chemischen Formelsprache entwickelt werden können. Nicht erspart wird neben der Anwendung der anderen Konstruktionswissenschaften die Wahl der günstigsten Lösung, die nach wie vor der Phantasie überlassen bleibt und das Schwierigste in diesem Leben, die Tat.

TEIL 3:
Arbeitsregeln eines erfahrenen Konstrukteurs – Suchfragen zum methodischen Konstruieren

Regeln für ein methodisches Konstruieren, Gesamtübersicht

1. In der zu konstruierenden Maschine, zuerst darzustellen durch einen „Schwarzen Kasten" („Black Box"), werden Energie, Stoff und Signale umgesetzt. Sie werden gekennzeichnet durch Angaben über Menge, Qualität und Kosten im Eingang und Ausgang der Maschine. (*Eigenschaftsänderung* des Produktes).
2. Der Zweck oder die *Funktion* der Maschine ist es, diesen Umsatz zu bewirken. Der „Schwarze Kasten" ist konkreter darzustellen durch die Funktionsstruktur der zu konstruierenden Maschine. Sie läßt sich darstellen als eine Schaltung von Verknüpfungs- und Trenngliedern, verbunden durch Leitungen.
   Die Variations- und Kombinationsmöglichkeiten sind:
Mehrere Verknüpfungsglieder	z.B. Zahnräder
Mehrere Trennglieder	z.B. logische Schaltungen
Kombination von Trenn- und Verknüpfungsgliedern	z.B. angetriebene Schalter, schaltbare Kopplungen und selbststeuernde Unterbrecher
3. Den Verknüpfungs- und Trenngliedern ist ein Ausführungsprinzip zugrunde zu legen, das die Eingangsgröße mit der Ausgangsgröße, der Funktion entsprechend verknüpft, konkretisierbar als experimentelle Anordnung zur Verwirklichung des *physikalischen Geschehens*.
   Die Variations- und Kombinationsmöglichkeiten sind:
Physikalische Effekte	z.B. mechanisch, elektrisch, thermisch Stoff-, Energie- und Signalumsatz
Kraftanordnungen	z.B. Schwellkraft, Gegenkraft, Wendekraft
Bewegungen	z.B. gleichförmig, beschleunigt, Anlauf, Stillstände
Physikalische Systeme	z.B. ruhende oder bewegte Systeme in ruhendem oder bewegtem Bezugssystem
Angetriebene Systeme	z.B. Meßsysteme, Regler, Schwingsysteme
Systeme mit bestimmtem zeitlichen Ablauf des Geschehens	z.B. chemischer Reaktor
4. Das physikalische Geschehen wird erzwungen durch Wirkflächen mit bestimmter Kinematik, darzustellen als die grundlegenden Merkmale der Konstruktionszeichnung.

Die Variations- und Kombinationsmerkmale sind:
Wirkfläche, Wirkraum, Wirkstoff.
Abwandlungen: Kraftschluß, Formschluß, Lage, Form, Größe, Zahl
Kinematik: z.B. Fließ-, Verschiebe-, Drehbewegung,
Lenker-, Gleit-, Wälzglieder,
Zwanglauf, Schlupflauf, Schaltlauf

5. Der Energie-, Stoff- und Signalumsatz unterliegt dem Einfluß von *Störgrößen*, die Mengen- und Qualitätsschwankungen zur Folge haben (gemessen als Streuung der Meßwerte).
Streuungserhöhend wirken
   bei Antrieben   z.B. Ungleichförmigkeit von Bewegungen
   bei Zuständen   z.B. Feuchte, Temperatur, Druck
   bei festen Stoffen   z.B. Verstreckung durch Walzen, Ziehen
   bei flüssigen Stoffen   z.B. Schneckenförderung (Schlupflauf)
   bei Meßgeräten   z.B. Lager, Gelenke, Verstärker
Streuungserniedrigend wirken
   bei Antrieben   z.B. Synchronisation von Folgebewegungen
   bei Zuständen   z.B. Regelung: Feuchte, Druck, Temperatur
   bei festen Stoffen   z.B. Zerspanung (Fremdstreuung der Werkzeugmaschinen)
   bei flüssigen Stoffen   z.B. Zahnradpumpe (Zwanglauf)
   bei Meßgeräten   z.B. Reibungsfreie Lagerung, Vermeidung von Wärmeeinflüssen

6. Die *Gesamtkonstruktion* ergibt sich aus der
Dimensionierung (Bemessung) des physikalischen Vorganges
Dimensionierung der Wirkfläche und des benötigten Getriebes
Wahl des Baustoffes und Dimensionierung nach der Beanspruchung
Wahl des Herstellungsverfahrens
Wahl der Gebrauchseigenschaften
Berücksichtigung ergonomischer Gesichtspunkte
Wahl des Gestells, des Gehäuses
Formgestaltung.

7. Die Lösung der Aufgabe wird gewählt nach den *Auswahlkriterien* Menge, Qualität und Kosten. Zur Einschränkung der Zahl der Variationen lassen sich die Kriterien bei den einzelnen Arbeitsschritten vorwegnehmen, bei der Festlegung
   der Funktion   z.B. durch einfache Funktionsstruktur
   des physikalischen Geschehens z.B. durch intensive Effekte
   der Wirkfläche   z.B. durch leichter herstellbare Form
   der Kinematik   z.B. durch Anwendung der Drehbewegung
   der Gesamtkonstruktion   z.B. durch Wertanalyse

1 Arbeitsschritt Forderung – Klärung und Präzisierung der Aufgabenstellung

Übersicht

Ausgangspunkt des Arbeitsschrittes: Mehr oder weniger klare und präzise Forderungen und Wünsche. Gefordertes Ergebnis des Arbeitsschrittes: Eindeutige, quantitative, technisch ausführbare Forderung. Verbindliche Aufgabenstellung dargestellt als Black Box mit Eingangs- und Ausgangsprodukten, mit Angabe aller wesentlichen Eigenschaften dieser Produkte, mit Angabe aller sonstigen Forderungen.

Vorgehensweise

1.1 Welche Produkte sollen verarbeitet werden?
   Hilfsmittel:
   1.1.1 Beispiele für in Maschinen umgesetzte Produkte
1.2 Fragen nach den Eigenschaften dieser Produkte:
   Eigenschaften des Eingangsproduktes?
   Eigenschaften des Ausgangsproduktes?
   Welche Eigenschaftsänderungen sollen also zwischen Eingang und Ausgang der zu konstruierenden Maschine erzeugt werden?
   Darstellung der zu konstruierenden Maschine mit den geforderten Ein- und Ausgängen als Black Box
   Hilfsmittel:
   1.2.1 Fragen nach den Eigenschaften der umgesetzten Produkte
   1.2.2 Merkmalliste: Eigenschaften eines Produktes
1.3 Spezifizierung der Eigenschaften:
   Was sind die wesentlichen Eigenschaften von Eingangs- und Ausgangsprodukt bezüglich der Hauptkriterien?
   Zahlenmäßige Festlegung dieser Eigenschaften?
   Normen oder ähnliche Vorschriften für diese Eigenschaften?
   Welche Meßverfahren stehen dafür zur Verfügung?
   Welcher Stufensprung wird mindestens angestrebt?

Hilfsmittel:
1.3.1 Spezifizieren der Eigenschaften
1.3.2 Die drei Kriterien
1.3.3 Mittelwert und Streuung einer Eigenschaft
1.4 Welche (sonstigen) Forderungen sollen erfüllt werden?
Hilfsmittel:
1.4.1 Allgemeine Aufgaben
1.5 Welche Bereiche sollen Berücksichtigung finden?
Hilfsmittel:
1.5.1 Zu beachtende Gesichtspunkte
1.5.2 Merkmale einer Anfrage oder Bestellung

Hilfsmittel

1.1.1 Beispiele für in Maschinen umgesetzte Produkte
Getriebe
   Umsatz mechanische Energie
Wasserturbine
   Umsatz hydraulische /
   mechanische Energie
Elektromotor:
   Umsatz elektrische /
   mechanische Energie
Mischer
   Umsatz fester Stoffe
Rührwerk
   Umsatz flüssiger Stoffe
Kontaktofen
   Umsatz gasförmiger Stoffe
Meßuhr
   Umsatz analoger Signale
Zähler
   Umsatz digitaler Signale
Werkzeugmaschine,
   Bearbeitungsgruppe
      Umsatz Stoffe
   Antriebsgruppe
      Umsatz Energie
   Steuerung
      Umsatz Signale

1.2.1 Fragen nach den Eigenschaften der umgesetzten Produkte
Eigenschaften des Eingangsproduktes
   Meßbarkeit, Toleranzen
Eigenschaften des Ausgangsproduktes
   Meßbarkeit, Toleranzen
Welche Eigenschaftsänderungen sollen also zwischen Eingang und Ausgang der zu konstruierenden Maschine erzeugt werden, welche können in Kauf genommen werden?
Darstellung der zu konstruierenden Maschine mit den geforderten Ein- und Ausgängen als Black Box

1.2.2 Merkmalliste: Eigenschaften eines Produktes
Eigenschaften
   Soll
   Ist
Eigenschaftsschwankungen
   periodische Schwankungen
   Frequenz
   Frequenzgang
   Frequenzspektrum
   Amplitude
   Schwingantwort
   statistische Schwankungen
   Amplitudenstatistik
Eigenschaftssprung
   Sprungantwort

1.3.1 Spezifizieren der Eigenschaften
Was sind die wesentlichen Eigenschaften von Eingangs- und Ausgangsprodukt bezüglich der Hauptkriterien Menge, Qualität, Kosten?
Zahlenmäßige Festlegung dieser Eigenschaften?

Normen oder ähnliche Vorschriften für
diese Eigenschaften?
Welche Meßverfahren stehen dafür zur
Verfügung?
Welcher Stufensprung wird mindestens
angestrebt?
Gibt es eine Rangreihe der geforderten
Eigenschaftsänderungen?
Gibt es eine überragende Zielgröße?

1.3.2 Die drei Kriterien
Kriterium Menge
    wie viel, wie groß, wie schnell,
    welche Leistung,
    welcher Durchsatz?
Kriterium Qualität
    wie gut, wie zuverlässig,
    wie gleichmäßig, wie sicher?
Kriterium Kosten
    welcher Aufwand, welche Fixkosten,
    welche variablen Kosten, welches
    Gewicht, welcher Platzbedarf?

**1.3.3 Mittelwert und Streuung
einer Eigenschaft**
Welche Art einer Verteilung liegt vor?
Liegt eine Normalverteilung vor?
Mittelwert?
Streuung?
Darf ein Kleinstwert nicht
    unterschritten werden?
Darf ein Größtwert nicht überschritten
    werden?
Soll die Streuung möglichst klein sein?
Ist nur der Mittelwert interessant?

1.4.1 Allgemeine Aufgaben
Sicherheit
Zuverlässigkeit
Komfort
Bremsverhalten
Kontinuierliche Betriebsweise
Reparaturanfälligkeit
Zuverlässigkeit

1.5.1 Zu beachtende Gesichtspunkte
Forderung an ein Produkt
    Wirkort
    Maschine
    Gebrauch
    Bedienung
    Gestaltung
    Umgebung
    Baustoffe
    Herstellverfahren
    Montage
Forderungen von
    Konstruktion
    Werkstatt
    Produktion
    Hersteller
    Handel
    Verbraucher
    Maschine
    Fabrikbetrieb
    Volkswirtschaft
    Weltwirtschaft
    Gesellschaft

**1.5.2 Merkmale einer Anfrage
oder Bestellung**
1 Gegenstand
    Beschaffenheit
    Menge
    Gewicht
2 Preis und Zahlungsbedingungen
    Preisgrundlage
        ab Werk
        frei Ort
        frei an Bord (fob)
    Verpackungskosten
    Versicherungskosten
    Zahlungsbedingungen
        ab Werk
        einschließlich Verladung
        ausschließlich Verpackung
        bei Auftragsbestätigung
        bei Materialeingang
        bei Inbetriebnahme
        verspätete Zahlung
        Zurückhaltung von Zahlungen
        bei Mängeln
        Nichteinhaltung der Zahlungs-
        bedingungen

3 Technische Angaben
   Angaben über Verfahren
   Maschinen- oder Apparateaufbau
   Unterlagenaustausch (Eigentums-
     vorbehalt)
   Konstruktionsarbeiten
   Mitteilung von Betriebserfahrungen
   Genauigkeitsangaben (Passungen)
   Anschlußenergien,
     benötigte
     verfügbare
   Aufstellungsbedingungen
     Geräusch
     Unfallverhütungsvorschriften
   Betriebsmaterial
   Elektromotorenliste
   Kupplungsliste
   Ersatzteilliste
   Betriebsanleitung
     Schmierplan
     Schaltplan
     Beschreibung
   Anstrich
   Wartungsdienst der Lieferfirma
4 Lieferung
   Lieferzeit
     Beginn
     Ende
     Fertigstellung Werk
   Lieferungsumfang
   Zulieferungen
     eigene
     fremde
   Lieferbedingungen
   Teillieferungen
   Liefervertrag mit Auftragsbestätigung
   Katalogangaben nur bei besonderer
     Vereinbarung gültig
   unvorhergesehene Ereignisse
   Rücktritt vom Liefervertrag
   Konventionalstrafen

5 Gewährleistungen
   Leistungen, Verbräuche
   Öldichtigkeit
   Lärmfreiheit
   Erschütterungsfreiheit
   Haltbarkeit des Anstriches
   Wartung
6 Vertragsrecht
   Gefahrenübergang
     bei Liefermöglichkeit
     bei Inbetriebnahme
   Rücktritt vom Kaufvertrag
   Mängelrüge
   Haftung bei Folgeschäden
   Patentlage
   Gerichtsstand
   Eigentumsvorbehalt
   Sicherungsübereignung
7 Abnahme
   Zwischenbesichtigung
   Herstellerabnahme
   Betriebsabnahme
   Prüfbedingungen
   Mängelrüge, Ersatzansprüche
8 Montage
   Leutegestellung
   Hilfskräfte
   Arbeitszeit
   Montagekosten
   Auslösung
   Gestellung von Montagewerkzeug etc.
   Versicherung der Montagearbeiter
9 Versandangaben
   Vorankündigung
   Transport, Versicherung
   Versandanzeige
   Abladestelle
   Verpackungsrückgabe

2 Arbeitsschritt Funktion- Aufteilung der Aufgabe in Teilaufgaben

Übersicht

Ausgangspunkt des Arbeitsschrittes: Verbindliche Aufgabenstellung in Form einer Black Box. Gefordertes Ergebnis des Arbeitsschrittes: Aufteilung der Aufgabe in lösbare Teilaufgaben. Darstellung der Teilaufgaben und ihres Zusammenhanges in einem möglichst einfachen Funktionsplan, Übersicht über die nächstkomplizierten Funktionspläne.

Vorgehensweise

2.1 Entwurf von Flußplänen für den Stoff-, Energie- und Signalumsatz
    Hilfsmittel:
    2.1.1 Fragen zu den Flußplänen
    2.1.2 Produktumsatz, Aufteilung
    2.1.3 Tätigkeiten
    2.1.4 Kraft, Arbeit, Leistung
2.2 Welche allgemeinen logischen Forderungen (von 1.4) sind in logische Wirkzusammenhänge zu übertragen?
    Hilfsmittel
    2.2.1 Formulierung von Teilaspekten allgemeiner Begriffe in „Wenn-Dann-Sätzen"
    2.2.2 Formulierung von Aufgaben in „Wenn-Dann-Sätzen"
2.3 Welche Funktionselemente sind für 2.1 und 2.2 erforderlich?
    Hilfsmittel:
    2.3.1 Fragen nach den Funktionselementen
    2.3.2 Funktion der Maschinenelemente
    2.3.3 Vergleichende Tabelle der Grundfunktionen
2.4 Welche Funktionsstrukturen müssen aus diesen Funktionselementen gebildet werden?
    Hilfsmittel:
    2.4.1 Fragen nach der Funktionsstruktur
    2.4.2 Variations- und Kombinationsmöglichkeiten
    2.4.3 Funktionspläne

2.4.4 Variation der Grundelemente
2.4.5 Variation der Funktionselemente
2.4.6 Schaltungen von Funktionselementen
2.4.7 Arten von Schaltungen
2.4.8 Funktionsstrukturen, Variationsgesichtspunkte
2.4.9 Beispiele für speziellere, kompliziertere Funktionsstrukturen
2.4.10 Funktionspläne, Übersicht
2.5 Kontrollfragen: Ist die Forderung nach 1 vollständig durch den Funktionsplan erfaßt?
Wird die Forderung dadurch logisch eindeutig und zwangsläufig erfüllt?
Wurde eine Übersicht über die nächstkomplizierteren Funktionspläne erarbeitet?
Hilfsmittel:
2.5.1 Beispiel Druckmeßgerät, Funktionsstruktur

Hilfsmittel

2.1.1 Fragen zu den Flußplänen
Entwurf eines Stoff-Flußplanes.
   Was muß mit dem durchgesetzten Stoff alles der Reihe nach passieren, damit der geforderte Wirkzusammenhang erfüllt wird?
Entwurf des Energieflußplanes.
   Welche Energien sind beim Stoff-Umsatz (Stoff-Flußplan) zuzuführen oder abzuführen?
Entwurf eines Signalflußplanes zum Stoff-Flußplan. Welche Signale sind erforderlich, um den Stoffumsatz richtig ablaufen zu lassen?
Entwurf eines Signalflußplanes zum Energieflußplan. Welche Signale sind erforderlich, um den Energieumsatz richtig ablaufen zu lassen?

2.1.2 Produktumsatz, Aufteilung
Signalumsatz, bezogen auf den Energieumsatz
   Messen, Steuern, Regeln
Energieumsatz
   Generatoren, Antriebe, Zustandsbedingungen
Stoffumsatz
   feste, flüssige, gasförmige Stoffe
Signalumsatz, bezogen auf den Stoffumsatz
   Messen, Steuern, Regeln

2.1.3 Tätigkeiten
Wandeln
Verstärken
Übersetzen
Messen
Regeln
Zerspanen
Formen

2.1.4 Kraft, Arbeit, Leistung
Kräfte
Wege
Momente
Winkel
Arbeit
Leistung

2.2.1 Formulierung von Teilaspekten allgemeiner Begriffe in „Wenn-Dann-Sätzen"
Sicherheit
   Maschine
      Wenn Eisenteile in einen Extruder gelangen können, dann ist eine Sperre vorzusehen.
   Bedienung
      Wenn im Griffbereich der Bedienung einziehende Walzen erreicht werden können, dann ist er mit einer Schranke zu sperren.

Betriebsweise
: Betriebsbedingungen
:: Wenn am Extruder die Temperaturen der einzelnen Heizzonen einen bestimmten Wert erreicht haben, dann läßt sich die Maschine erst einschalten.

Gebrauchswert
: Vermeidung von Ausfällen
:: Wenn Produktausfall auf der Eingangsseite einer Maschine droht, dann ist rechtzeitig eine Meldung vorzusehen.

Wirtschaftlichkeit
: Fahrstühle
:: Wenn in einem Hochhaus zwei Fahrstühle betrieben werden, dann soll ein optimal wirtschaftlicher Betrieb ermöglicht werden.

Zuverlässigkeit
: Energieversorgung
:: Wenn die Energieversorgung ausfallen kann, dann ist ein selbstanlaufendes Hilfsaggregat vorzusehen.

Lernaufwand
: Werkzeugmaschine
:: Wenn der Lernaufwand für den Geschwindigkeitswechsel für verschiedene Bearbeitungsaufgaben klein gehalten werden soll, dann ist das Wechselgetriebe mit einer Schaltautomatik zu versehen, die die Geschwindigkeitsverstellung auf einem Stellglied mit Skala vereinigt.

Störanfälligkeit
: Fernschreibmaschine
:: Wenn die Störanfälligkeit bei der Zeichenübertragung verringert werden soll, dann wird die Zeichencodierung erweitert, um Kontrollmöglichkeiten vorzusehen (8- statt 5-Kanal-Code).

2.2.2 Formulierung von Aufgaben in „Wenn-Dann-Sätzen"

Ort
: Gleisstellanlage
:: Wenn bestimmte Weichen eines Bahnhofes eine voreingestellte Lage einnehmen, dann kann der Zug auf einem bestimmten Gleis einlaufen.

Weg
: Fahrstuhl
:: Wenn ein Hausbewohner einen Fahrstuhl besteigt und einen Druckknopf betätigt, der dem zu erreichenden Stockwerk entspricht, dann bringt ihn der Fahrstuhl dorthin.

Werkzeugmaschine
: Wenn der Zerspanvorgang über die Werkstücklänge durchgeführt ist, dann soll das Werkzeug im Eilgang in die Ausgangslage zurückkehren.

Zeit
: Verkehrsampel
:: Wenn eine Verkehrsampel zwei Minuten „grün" zeigt, dann soll sie fünf Sekunden „gelb", 2 Minuten „rot", fünf Sekunden „gelb-rot" und dann wieder grün zeigen.

Verfahren
: Wenn das Produkt in das Reaktionsgefäß gefüllt ist, dann soll drei Stunden eine bestimmte Temperatur eingehalten werden, die Heizung abgeschaltet, ein Ventil geöffnet und das Produkt abgelassen werden.

Bedingung
: Kunststoffspritzmaschine
:: Wenn die Form geschlossen ist, dann kann erst die plastische Masse eingeführt werden.

Sicherheit
: Wenn man in die Presse hineinfassen will, dann kann die Presse nicht eingeschaltet werden.

Zahl
: Abfüllmaschine
:: Wenn 250 Flaschen abgefüllt worden sind, dann soll die Maschine abgestellt werden.

NC-Maschine
: Wenn die Zahl 653 eingestellt ist, dann soll die Positioniereinheit 653 Schritte machen.

2.3.1 Fragen nach den Funktionselementen

Verallgemeinerung, Übersetzung der Teilaufgaben (nach Frage 2.1) in die Grundfunktionen.
Mit welchen Grundfunktionen lassen sich die Forderungen erfüllen?

2.3.2 Funktion der Maschinenelemente

Leitungen (Kanäle)
Kopplungen (Verknüpfungsglieder)
Sperrungen (Trennglieder)

* * * * *

2.3.3 Vergleichende Tabelle der Grundfunktionen

	Koppeln	*Sperren*	*Leiten*
Energieumsatz	antreiben	verriegeln	leiten
	koppeln	schalten	lagern
		kuppeln	führen
		bremsen	
Stoffumsatz			
mechanische Fertigung	verbinden	zerspanen	formen (spanlos)
	fügen	schneiden	
		scheren	
		stanzen	
physikalische Fertigung	mischen	zerkleinern	fördern
	rühren	abscheiden	
	absorbieren	sedimentieren	
		destillieren	
chemische Fertigung	koppeln	spalten	
	polymerisieren	kondensieren	
Signalumsatz			
analoge Signale	fühlen	schalten	leiten (Kanäle)
digitale Signale	logisch verknüpfen	zählen	Weichen schalten

* * * * *

2.4.1 Fragen nach der Funktionsstruktur

Wie kann man aus den Funktionselementen einfache Funktionsstrukturen aufbauen, die einfache Forderungen erfüllen?
Mit welchen komplizierteren Funktionsstrukturen lassen sich kompliziertere Forderungen erfüllen?
Welche Strukturvereinfachungen lassen sich vornehmen?

2.4.2 Variations- und Kombinationsmöglichkeiten

Mehrere Verknüpfungsglieder
   z.B. Zahnräder
Mehrere Trennglieder
   z.B. logische Schaltungen
Kombination von Verknüpfungs- und Trenngliedern
   z.B. angetriebene Schalter, schaltbare Kopplungen und selbststeuernde Unterbrecher

2.4.3 Funktionspläne
Leitungen / Schaltungen
Leitungen + Sperrungen / logische Schaltungen
Kopplungen + Sperrungen / Kombination
Kopplungen / Mehrfachkopplungen

2.4.4 Variation der Grundelemente
Verknüpfungsglieder
    Trennglieder
        Beziehungen
Schwellkopplung
    Schalter
        einfacher Kreis
Wechselkopplung
    Umschalter
        verzweigter Kreis
Wendekopplung (Gegenkopplung)
    Wendeschalter
        Brückenkreis

2.4.5 Variation der Funktionselemente
Kopplungen
    Schwellkraft
        Fließbewegung
    Gegenkraft
        Schub- oder Verschiebe-Bewegung
    Wendekraft
        Drehschub
        drei Kräfte 120°
        Drehbewegung
Sperrungen
    einfache Sperrung mit einem Arbeits- und einem Ruhekontakt
    zwei Arbeitskontakte ergeben Umschalter
    Kopplung von zwei Schaltern mit zwei Arbeitskontakten, Wendeschalter
Leitungen
    einfacher Kreis oder Hintereinanderschaltung
    verzweigter Kreis oder Parallelschaltung
    Brückenkreis oder Brückenschaltung

2.4.6 Schaltungen von Funktionselementen
Parallelschaltung
Hintereinanderschaltung
Kombinationen
Brückenschaltung

2.4.7 Arten von Schaltungen
Funktionselemente
    Sperrungen
    Kopplungen
    Leitungen
Kompliziertheitsgrad
    Schalter
        einfache Schalter
        Umschalter
        Wendeschalter
    Mehrfachanordnungen (von Kopplungen)
    Kreise
        einfacher Kreis
        verzweigter Kreis
        Brückenkreis
Kompliziertheitsgrad
Kombinationen
    schaltbare Kopplung
    gekoppelte Schaltung
Logische Schaltungen
    UND
    ODER
    Negation
    usw.
Automatiken
Selbststeuernde Unterbrecher

2.4.8 Funktionsstrukturen, Variationsgesichtspunkte
Gleiche Funktionsstrukturen in verschiedenen Energiearten
    angetriebene Sperrungen
    selbststeuernde Unterbrecher
Verschiedene Funktionsstrukturen für gleiche Gesamtfunktion
    Steuerung
    Regelung
    Selbststeuerung
Schaltungen und Netze (thermisch)
    Zwangsumlauf
    offener Umlauf
    geschlossener Umlauf
Verkettete Regelsysteme

2.4.9 Beispiele für speziellere, kompliziertere Funktionsstrukturen
Doppelfunktion
   z.B. Rohrleitung als Geländer
Selbststeuerung
   z.B. Überlauf
selbsttätige Kompensation
   z.B. Luftkissen

2.4.10 Funktionspläne, Übersicht
Trennglieder (Schalter)
   einfache Schalter
   Umschalter
   Wendeschalter
Kopplungen (Mehrfachkopplungen)
Kanäle (Kreise)
   einfacher Kreis
   verzweigter Kreis
   Brückenkreis

Schaltungen + Kreise + Mehrfachkopplungen
   logische Schaltungen
   schaltbare Kopplungen / gekoppelte Schalter
   Automatiken
   selbststeuernde Unterbrecher

2.5.1 Beispiel Druckmeßgerät, Funktionsstruktur
Ohne Hilfsenergie
   Druck – Kopplung – Anzeige
Mit Hilfsenergie
   Druck – Kopplung – Signal – Verstärkung – Kopplung – Anzeige
Kompensation
   Druck – Kopplung – Weg – Vergleicher – Gegenweg – Kopplung – Gegendruck

3 Arbeitsschritt Physik -
Suche nach Teillösungen zu den Teilaufgaben

Übersicht

Ausgangspunkt des Arbeitsschrittes: Funktionsplan, das heißt geordnete, strukturierte Zusammenstellung aller Teilaufgaben. Gefordertes Ergebnis: Aufsuchen von Teillösungen für die Teilaufgaben. Für jedes Funktionselement der nächstliegende physikalische Effekt und eine Übersicht über die nächstkomplizierteren physikalischen Effekte (Systeme).

Vorgehensweise

3.1 Welche physikalischen Effekte kommen für die Realisierung der einzelnen Funktionselemente in Frage?
Art, wesentliche Merkmale und Eigenschaften, Einflußgrößen des physikalischen Effektes?
Welche Energiearten stehen zur Verfügung?
Welche Stoffarten sollen umgesetzt werden?
Werden stetige Zustandsänderungen oder diskrete Zustände verlangt?
Welche physikalischen Angaben sind in den Angaben über die Funktionselemente enthalten?
Werden zwangläufige oder schlupfläufige Effekte verlangt?
Hilfsmittel:
3.1.1 Welche physikalischen Effekte kommen in Frage?
3.1.2 Physikalische Effekte des Energieumsatzes (Beispiele)
3.1.3 Physikalische Effekte für das Funktionselement Kopplung
3.1.4 Physikalische Effekte des Energieumsatzes (Beispiele): Übergang von einer Energieart in eine andere
3.1.5 Beispiele für die Überführung allgemeiner Forderungen in physikalische Wirkzusammenhänge
3.1.6 Merkmale physikalischer Effekte
3.1.7 Der physikalische Effekt
3.1.8 Variationsgesichtspunkte für physikalische Effekte
3.1.9 Energiearten
3.1.10 Stoffarten (Aggregatzustände)
3.1.11 Physikalische Effekte des Stoffumsatzes (Beispiele)

3.1.12 Physikalische Effekte mit bistabilen Zuständen
3.1.13 Sperrglieder für eine Bewegungs- (Fluß-) Richtung
3.1.14 Bezeichnungen für den physikalischen Wirkzusammenhang von Verknüpfungs- und Trenngliedern
3.1.15 Realisierung einer Eigenschaftsänderung desselben Produktes

3.2 Wenn die Forderungen so kompliziert sind, daß sie durch physikalische Effekte nicht oder nicht rationell erfüllt werden können, welche physikalischen Systeme kommen dann in Frage?
Welche Merkmale soll das System aufweisen?
Hilfsmittel:
3.2.1 Welche physikalischen Systeme kommen für die Realisierung bestimmter Zustände oder Betriebsweisen in Frage?
3.2.2 Beispiele für komplizierteres physikalisches Geschehen
3.2.3 Übersicht über die mechanischen Systeme
3.2.4 Beispiele für die Verwendung der physikalischen Systeme in der Meßtechnik
3.2.5 Beispiele für die Verwendung der physikalischen Systeme im Maschinenbau
3.2.6 Ruhelagen in einem ruhenden Bezugssystem
3.2.7 Physikalische Systeme, Übersicht
3.2.8 Ruhelagen und Systeme
3.2.9 Physikalische Systeme, Beispiele
3.2.10 Kennzeichnende Merkmale mechanischer und hydraulischer Systeme
3.2.11 Merkmale eines mechanischen Systems
3.2.12 Maschinen als physikalische Systeme, Kennzeichen
3.2.13 Durch Bezeichnungen gekennzeichnete Systeme
3.2.14 Bewegungsfähige Systeme, Grenzzustände
3.2.15 Merkmale des Zeitverhaltens eines Systems
3.2.16 Antriebsarten für ein schwingungsfähiges System
3.2.17 Anwendung physikalischer Systeme

3.3 Sind alle Informationen verfügbar, die man über den in Betracht gezogenen physikalischen Effekt (das physikalische System) benötigt?
Welche Informationen werden benötigt? Wo bekommt man sie?
Hilfsmittel
3.3.1 Wie lassen sich für einen gegebenen Arbeitsbereich die notwendigen Unterlagen bereitstellen?
3.3.2 Physikalische Effekte der Maschinenelemente
3.3.3 Durchführung eines Experimentes
3.3.4 Drei Arten von Messungen

3.4 Lassen sich die in Betracht gezogenen physikalischen Effekte (Systeme) durch Variationen noch weiter vereinfachen?
Hilfsmittel:
3.4.1 Variation und Vereinfachung physikalischer Effekte, Suchfragen

Hilfsmittel

3.1.1 Welche physikalischen Effekte kommen in Frage?
Welche physikalischen Effekte kommen für die Realisierung der Funktionselemente in Frage?
Art, wesentliche Merkmale und Eigenschaften, Einflußgrößen des physikalischen Effektes?
Welche Energiearten stehen zur Verfügung?
Welche Stoffarten sollen umgesetzt werden?
Werden stetige Zustandsänderungen oder diskrete Zustände verlangt?
Welche physikalischen Angaben sind in den Angaben über Funktionselemente enthalten?
Werden zwangläufige oder schlupfläufige Effekte verlangt?

3.1.2 Physikalische Effekte des Energieumsatzes (Beispiele)

Mechanische Energie	*Hydraulische Energie*	*Elektrische Energie*	*Thermische Energie*
Kräfte	Drücke (inkompressibles Medium)	Spannungen	Temperatur
Elastizität	Druck (kompressibles Medium)	Kapazität	
Reibung	laminare Reibung turbulente Reibung	Widerstand	Wärmewiderstand
Trägheitskräfte	Trägheitskräfte	Selbstinduktion	
Bewegungen	Fluß	Strom	Wärmefluß

* * * * *

3.1.3 Physikalische Effekte für das Funktionselement Kopplung
Statische Kopplung
Elastische Kopplung
Reibungskopplung
Trägheitskopplung
Mehrfachkopplung

3.1.4 Physikalische Effekte des Energieumsatzes, Beispiele:
Übergang von einer Energieart in eine andere
Mechanisch / hydraulisch
   Kolbendruck
Mechanisch / elektrisch
   Piezoquarz
Mechanisch / thermisch
   Reibungswärme
Hydraulisch / mechanisch
   Umlenkung (Flügel)
Hydraulisch / elektrisch
   leitfähige Flüssigkeit
Hydraulisch / thermisch
   wärmetransportierende Flüssigkeit
Elektrisch / mechanisch
   Magnetostriktion
Elektrisch / hydraulisch
   Entladung in Flüssigkeit
Elektrisch / thermisch
   elektrische Heizung

3.1.5 Beispiele für die Überführung allgemeiner Forderungen in physikalische Wirkzusammenhänge
Geforderter Wirkzusammenhang
   Schutz der Bedienung an einem Walzenstuhl
   Schutz gegen Hineinfassen in die laufenden Walzen
Logische Wirkzusammenhänge
   Sperrung des Griffraumes vor den Walzen
   Verriegelung: Sperrung mit Schalter des Antriebes des Walzenstuhles

Physikalische Wirkzusammenhänge
  Sperrung
    mechanische Sperrung
      Gitter
    pneumatische Sperrdüsen
      zu schmaler Schlitz
    elektrische Sperrung
      Kondensatorfeld, Messung der Änderung der Kapazität beim Hineinfassen
    optische Sperrung
      Lichtschranke mit Photozelle, Verdunklung der Photozelle beim Hineinfassen, Überdeckung des Griffbereiches mit bewegtem Lichtstrahl oder ruhendem Lichtstrahl mit Spiegelanordnung
  Verriegelung
    Hintereinanderschaltung von Schaltern, betätigt von geschlossener Sperrung (Gitter) und Schalter (mechanisch-elektrischer Schalter) des Maschinenantriebes

3.1.6 Merkmale physikalischer Effekte
Zahl der Einflußgrößen
Art der Einflußgrößen
  betreffend die geometrischen Abmessungen
  betreffend den Energieumsatz
  betreffend den Stoffumsatz
Gesetz
Ähnlichkeitskenngröße
Dimension räumlich
Wirkungsgröße bezogen auf die Funktion

3.1.7 Der physikalische Effekt
Unabhängige Einflußgröße (Stellgröße)
Abhängige Größe (Wirkgröße)
Umkehrbar / nicht umkehrbar
Mechanisch / elektrisch / hydraulisch

3.1.8 Variationsgesichtspunkte für physikalische Effekte
Physikalische Effekte
  mechanisch
  hydraulisch
  elektrisch
  thermisch

Kraftanordnungen
  Schwellkraft
  Gegenkraft
  Wendekraft
Bewegungen
  gleichförmig
  beschleunigt
  Anlauf
  Stillstände

3.1.9 Energiearten
Mechanisch
Hydraulisch
Elektrisch
Thermisch

3.1.10 Stoffarten (Aggregatzustände)
Feste Stoffe
  Festkörper
  stückig
  rieselfähig
Flüssige Stoffe
  ideale Flüssigkeit
  zähflüssig
  teigig
Gasförmige Stoffe
  ideales Gas
  reales Gas

3.1.11 Physikalische Effekte des Stoffumsatzes (Beispiele)
Mechanische Effekte
  Fließen von Feststoffen
  Filter
  Strukturänderung unter Spannung
Hydraulische Effekte
  Stoffmischung durch Überturbulenz
  Stoffschmelzen im Keilspalt
  Stofftrennen in der Zentrifuge
Elektrische Effekte
  statische Aufladung für das Aufrichten von Einzelfasern
  Entstauben im elektrischen Feld
Thermische Effekte
  Strukturänderung unter Wärmeeinfluß
  Aggregatzustandsänderung
  siedende Flüssigkeitsgemische

3.1.12 Physikalische Effekte mit bistabilen Zuständen
Mechanisch
   Reibung der Ruhe / der Bewegung
   Verbindung fest / los
Pneumatisch
   Wandhaftung durch Haftblase
   (Coanda-Effekt)
   Verwirbelung Laminarströmung
   durch Zweitströmung
Elektrisch
   Gasentladung bei Zündspannung
Magnetisch
   Magnetkern
Optisch
   Kerr-Effekt

3.1.13 Sperrglieder für eine Bewegungs- (Fluß-) Richtung
Mechanisch
   Sperrklinken
   Freilauf

Pneumatisch
   Rückschlagklappe
Hydraulisch
   Rückschlagventil
Elektrisch
   mechanische Gleichrichter
   hydraulische Gleichrichter
   (Quecksilber)
   Gasentladungsgleichrichter
   Halbleitergleichrichter

3.1.14 Bezeichnungen für den physikalischen Wirkzusammenhang von Verknüpfungs- und Trenngliedern
Verknüpfungsglieder (Kopplungsglieder)
   Quelle
   Senke
   Fühler
   Übersetzer / Umsetzer
   Wandler
Sperrglieder
   Schalter
   Dämpfung

*   *   *   *   *

3.1.15 Realisierung einer Eigenschaftsänderung desselben Produktes

	Eingang	*Ausgang*	*physikalischer Effekt*
Energieumsatz			
gleiche Energieart	mechanische Kraft, waagrechte Richtung	mechanische Kraft, senkrechte Richtung	Wälzen
verschiedene Energiearten	elektrische Leistung	mechanische Kraft	elektromagnetischer Effekt
Stoffumsatz			
gleicher Aggregatzustand	fest	Körner	Zerkleinern
verschiedener Aggregatzustand	fest	flüssig	Schmelzen
Signalumsatz			
digitale Signale	Anschlag Fernschreibtaste	Stellung von 5 Schienen	Gleiten
Analoge Signale	Kraft	Weg	Biegung

3.2.1 Welche physikalischen Eigenschaften kommen für die Realisierung bestimmter Zustände oder Betriebsweisen in Frage?
Welche Merkmale soll das System aufweisen?
Welches Zeitverhalten wird für den Wirkzusammenhang verlangt?
Welcher Antrieb oder Abtrieb ist für das System vorzusehen?
Welche Systemangaben sind in der Aufgabenstellung enthalten?

3.2.2 Beispiele für komplizierteres physikalisches Geschehen
Mechanische Vorgänge
    Zerkleinerung
Hydraulische Vorgänge
    Strömung in plastischen Massen
Elektrische Vorgänge
    galvanische Korrosion
Thermische Vorgänge
    Temperaturverteilung in Kolben
Optische Vorgänge
    Lichteinfall an Linsenoberfläche
Chemische Vorgänge
    Katalysatoren

3.2.3 Übersicht über die mechanischen Systeme
Ruhende Systeme
    in ruhendem Bezugssystem
    in bewegtem Bezugssystem
Bewegte Systeme
    in ruhendem Bezugssystem
    in bewegtem Bezugssystem
Anlaufende Systeme
Auslaufende Systeme
Zusammenstoßende Systeme

3.2.4 Beispiele für die Verwendung der physikalischen Systeme in der Meßtechnik
Ruhendes System
    in ruhendem Bezugssystem
        Waage
    in bewegtem Bezugssystem
        Zentrifugalregler
Bewegte Systeme
    in ruhendem Bezugssystem
        Zungenfrequenzmesser
    in bewegtem Bezugssystem
        Kreiselkompaß
Anlaufendes / auslaufendes System
    Echolot
Zusammenstoßende Systeme
    Rückprallhärteprüfer

3.2.5 Beispiele für die Verwendung der physikalischen Systeme im Maschinenbau
Ruhendes System
    in ruhendem Bezugssystem
        Maschinengestelle
    in bewegtem Bezugssystem
        Zentrifuge
Bewegtes System
    in ruhendem Bezugssystem
        Schwingrinne
    in bewegtem Bezugssystem
        Kollergang
Anlaufende / auslaufende Systeme
    umlaufende Maschinen
Zusammenstoßende Systeme
    Fallhammer

3.2.6 Ruhelagen in einem ruhenden Bezugssystem
Physik
    Schwinglage, stabiles Gleichgewicht
    Kipplage, labiles Gleichgewicht
    indifferente Lage
Konstruktiv häufig
    Schlaglage (Auflage)

3.2.7 Physikalische Systeme, Übersicht
Physikalische Systeme
    Ruhende / bewegte Systeme
        in ruhendem / bewegtem Bezugssystem
Angetriebene physikalische Systeme
    gekoppelte Systeme
        Ruhelagen / bewegte Systeme
    selbststeuernde Systeme
        ruhende / bewegte
    kombinierte Systeme
        Energie-/Stoff-/Signalumsatz

3.2.8 Ruhelagen und Systeme
Ruhelagen in ruhendem Bezugssytem
Ruhelagen in bewegtem Bezugssystem
Bewegte Systeme in ruhendem Bezugssystem
Bewegte Systeme in bewegtem Bezugssystem
Instationäre Systeme
    anlaufende Systeme
    auslaufende Systeme
    zusammenstoßende Systeme

3.2.9 Physikalische Systeme, Beispiele
Physikalische Systeme: z.B. ruhende
    oder bewegte Systeme in ruhendem
    oder bewegtem Bezugssystem
Angetriebene Systeme
    z.B. Meßsysteme, Regler,
    Schwingsysteme
Systeme mit bestimmtem zeitlichen
    Ablauf z.B. chemischer Reaktor

3.2.10 Kennzeichnende Merkmale mechanischer und hydraulischer Systeme
Eine Masse
Eine ruhende oder bewegte Führungsbahn
Kräfte oder Kraftfelder
Zeitlicher Ablauf

3.2.11 Merkmale eines mechanischen Systems
Bewegungsbahn
    Richtung
    geführte Bahn
    freie Bahn
Bewegungsform
    gleichförmige Geschwindigkeit
    gleichförmige Beschleunigung
    Übergänge
Bewegte Masse
Energie

3.2.12 Maschinen als physikalische Systeme, Kennzeichen
Drehmoment – Drehzahl Beziehung
Wirkungsgrad – Leistung Beziehung
Anfahrverlauf
Abstellverlauf
Belastungssprungverlauf
Periodische Schwankungen des Drehmomentes abhängig von Zeit / Weg

3.2.13 Durch Bezeichnungen gekennzeichnete Systeme
Speicher, statisch
    Feder
Speicher, dynamisch
    Schwungrad
Zeitglied, statisch
    Füllen eines statischen Speichers
Zeitglied, dynamisch
    anlaufendes System
Meßsystem
    Meßuhr, Manometer
Regler
    Geschwindigkeitsregler
    Kippwassermesser

3.2.14 Bewegungsfähige Systeme, Grenzzustände
Ruhelagen
Bewegungsvorgänge
    mit konstanter Geschwindigkeit
    mit konstanter Beschleunigung

3.2.15 Merkmale des Zeitverhaltens eines Systems
Beharrungsverhalten
Folgeverhalten Ausgang – Eingang
Frequenzgang bei sinusförmigen
    Eingangsschwankungen
Sprungantwort
Impulsantwort
Anstiegsantwort

3.2.16 Antriebsarten für ein schwingungsfähiges System
Elastische Kopplung
Reibungskopplung
Trägheitskopplung

3.2.17 Anwendung physikalischer Systeme

System	Eingang	Ausgang
ruhende Systeme		
Meßgeräte	Antrieb mechanisch	Zeiger vor der Skala
	Antrieb hydraulisch	
	Antrieb elektrisch	
bewegte Systeme		
Glocke mit Klöppel		
Schwingsystem	Antrieb Reibungskopplung	Schallabgabe
Schüttelrinne		
Schwingsystem	Wechselstrommagnet	Produktförderung (Dämpfung des Systems)
Pendelschlagwerk		
geführter Fall	Aufzug	Energieverbrauch, gemessen als Steighöhe des Pendels
Rückprallhärteprüfer		
Zusammenstoß	Aufzug	Rückprallhöhe
Zentrifuge	Flüssigkeitszulauf	Schälrohr

* * * * *

3.3.1 Wie lassen sich für einen gegebenen Arbeitsbereich die notwendigen Unterlagen bereitstellen?

In welchen physikalischen Bereichen spielen sich die Vorgänge in den zu konstruierenden Maschinen ab?
Welches sind die häufigsten physikalischen Effekte?
Welchen Gesetzen oder empirischen Zusammenhängen gehorchen die Vorgänge?
Welche Informationsquellen kann man dazu benutzen?
Welche Experimente kann man dazu anstellen?
Für welche Umsatzarten und Funktionen lassen sich die Gesetze verwenden?
Bei welchen – eventuell ganz andersartigen – Maschinen kommt ein interessierender physikalischer Effekt schon vor?
Welche physikalischen Systeme kommen am häufigsten vor?

3.3.2 Physikalische Effekte der Maschinenelemente

Kraft
  statisch
  dynamisch
Verformung
  mechanisch
  elastisch
  plastisch
  thermisch
Reibung
  mechanisch
  hydraulisch
  Wälzreibung
  Rollreibung
Spannung
  Zug
  Druck
  Schub
  Biegung
  Knickung

3.3.3 Durchführung eines Experimentes
Ausgangspunkt: Hypothese über Abhängigkeit der physikalischen Einflußgrößen
Konstruktiv festliegende Beobachtungsmittel
Geschehen wiederholbar
Meßergebnisse reproduzierbar
Signale ergeben Informationen

3.3.4 Drei Arten von Messungen
Digital (Ziffern)
Analog (Zeiger)
Überschreitung von Grenzwerten

3.4.1 Variation und Vereinfachung physikalischer Effekte, Suchfragen
Läßt sich ein Umschalter durch einen Schalter ersetzen?
Läßt sich der mechanische durch einen pneumatischen Effekt ersetzen?
Läßt sich der statische durch einen dynamischen Effekt ersetzen?
Läßt sich ein bistabiler Effekt anwenden?
Läßt sich ein schlupfläufiger Effekt gegen einen zwangläufigen Effekt austauschen?
Läßt sich ein Kippsystem durch ein Schwingsystem ersetzen?
Läßt sich ein einfacher Kreis mit Konstanthalter durch einen Brückenkreis ersetzen?
Läßt sich ein Regler durch eine physikalische Selbststeuerung ersetzen?

4 Arbeitsschritt Konstruktion - Ausarbeiten der Lösung

4.1
Festlegen der Wirkfläche

Übersicht

Ausgangspunkt des Arbeitsschrittes: Die gewählten physikalischen Effekte bzw. Systeme. Gefordertes Ergebnis: Wirkflächen zur Erzwingung des physikalischen Geschehens.

Vorgehensweise

4.1.1 Welcher Grundtyp der Wirkfläche kann der Konkretisierung des physikalischen Wirkzusammenhanges dienen?
   Hilfsmittel:
   4.1.1.1 Wirkflächen (Wirkkörper), geordnet nach der Funktion
4.1.2 Läßt sich der geforderte Wirkzusammenhang mit den einfachsten Wirkflächenformen erstellen?
   Hilfsmittel:
   4.1.2.1 Wirkflächen der Maschinenelemente
4.1.3 Welches physikalische Geschehen (welches Arbeitsverfahren) bestimmt die Form der Wirkfläche in ihren Einzelheiten?
   Hilfsmittel:
   4.1.3.1 Beispiele für Wirkflächenformen
4.1.4 Welche physikalischen Nebenwirkungen sind zu berücksichtigen?
   Hilfsmittel:
   4.1.4.1 Physikalisches Geschehen an Grenzflächen
4.1.5 Läßt sich durch Anwendung der Variationsmöglichkeiten eine einfachere Wirkflächenanordnung finden?
   Hilfsmittel:
   4.1.5.1 Variation der Wirkfläche 1
   4.1.5.2 Variation der Wirkfläche 2

180 Arbeitsregeln

4.1.5.3 Variation der Wirkfläche 3
4.1.5.4 Variation der Wirkfläche 4
4.1.5.5 Variation der Wirkfläche 5
4.1.6 Welchen Beanspruchungen und welchen Veränderungen durch die Beanspruchungen wird die Wirkfläche ausgesetzt?
Hilfsmittel:
4.1.6.1 Kennzeichnende Beanspruchungen mechanischer Wirkkörper
4.1.6.2 Kennzeichnende Merkmale von Wirkflächen (Beispiele)
4.1.7 Welche kennzeichnenden Merkmale zur Festlegung der Wirkfläche sind in die Zeichnungen einzutragen?
4.1.8 Kontrollfragen:
Ist damit eine Wirkfläche festgelegt, die den geforderten physikalischen Wirkzusammenhang zuverlässig und mit dem geringsten Aufwand erzwungt? Wurde eine Übersicht über die nächstkomplizierteren, möglichen Wirkflächen gegeben?

Hilfsmittel

4.1.1.1 Wirkflächen (Wirkkörper) geordnet nach der Funktion

Logischer Wirkzusammehang (physikalischer Bereich)	*Physikalischer Wirkzusammenhang*	*Konstruktiver Wirkzusammenhang*
<u>Führen</u>		
Mechanisch	Gleitreibung	Führungsbahn
Hydraulisch	hydrostatisches Gefälle	Kanal
Elektrisch	elektrische Leitfähigkeit	Leitung
Magnetisch	Permeabilität	Weicheisenkern
Thermisch	Wärmeleitung	leitender Körper
Optisch	Reflexion an Umhüllung	Lichtfaser (Faseroptik)
<u>Trennen</u>		
Mechanisch	Reiblamellen	Kupplung
Hydraulisch	Leitungsunterbrechung	Hahn
Elektrisch	Leitungsunterbrechung	Schaltkontakte
Magnetisch	Kurzschluß des magnetischen Flusses	Haftmagnet
Thermisch	Geringe Wärmeleitung	Isolierung
Optisch	Lichtstrahlunterbrechung	Blende
<u>Verknüpfen</u>		
Mechanisch	Kraftübertragung	Ventilstößel
Hydraulisch	Kräfte bei Strömungsumlenkung	Schaufel
Elektrisch	Induktion	Induktionsspule
Magnetisch	Magnetische Feldstärke	Pol und Anker
Thermisch	Wärmeübertragung	Kühlfläche
Optisch	Reflexion	Spiegel

4.1.2.1 Wirkflächen der Maschinenelemente
Eben
   rechteckig
   kreisförmig
   kreisringförmig
Keilförmig
Zylindrisch
Kegelig
Schraubenförmig

4.1.3.1 Beispiele für Wirkflächenformen
Mechanisch
   Kinematik
      Kurvenscheiben
      Zahnräder
   Arbeitsverfahren
      Heuwender
      Pflug
      Kratzen einer Krempel
      Werkzeuge
   Information
      Druckplatten
Hydraulisch
   Drehkolben
   Wankelmotor
   Strömung
      Turbinenschaufeln
      Tragflügel
Elektrisch
   Elektroden
      elektrische Felder
   Magnetpole
      Magnetfelder
Thermisch
   thermische Flächen
      Wärmetauscher
Optisch
   optische Flächen
      Linsenkörper

4.1.4.1 Physikalisches Geschehen an Grenzschichten
Phasengrenze
   fest / flüssig
      Wandhaften
      Oberflächenspannung
      Absorption
      Adsorption
      Extraktion
      Katalytische Wirkungen
   fluidisch / fluidisch
      monomolekulare Schichten
      Flüssigkeitsspiegel
      Dampf / Luftgrenze
      Gas / Metallgrenze

4.1.5.1 Variation der Wirkfläche 1
Lagenwechsel
   Drehen
   Vertauschen
   Spiegeln
Formwechsel
   Weglassen
   Hinzufügen
   Versetzen
Größenänderung
   Vergrößern
   Verkleinern
   Übertreiben
Zahlenwechsel
   Vervielfachen
      einfach wirkend
      doppelt wirkend
      3 x 120° versetzt
      Vielzahl
   Unterteilen
Artwechsel
   Werkstoff

4.1.5.2 Variation der Wirkfläche 2
Lagenänderung
Formänderung
Größenänderung
Zahlenwechsel
Variationsmerkmal Kopplung
Variationsmerkmal Kinematik
Wirkfläche
Wirkstoff
Wirkzustand

4.1.5.3 Variation der Wirkfläche 3
Kraftschluß
Formschluß
Stoffschluß
Lagewechsel
Zahlenwechsel

4.1.5.4 Variation der Wirkfläche 4
Kraftschlüssig
  Lagenwechsel
Formschlüssig
  Größenwechsel
  Zahlenwechsel

4.1.5.5 Variation der Wirkfläche 5
Variation Wand / Flüssigkeit
  Anwendung Energieumsatz
  Anwendung Stoffumsatz
Ruhend / ruhend
  Standmessung
    Lagerbehälter
Ruhend / bewegt
  Leitungswiderstand
    Förderteilung
Bewegt / ruhend
  Tachometer
  Zentrifuge
Bewegt / bewegt
  Messung der Masse
  Zentrifugalpumpe
Ruhend / bewegt
  Druckmessung
  Förderpumpe
Ruhend / bewegt, parallel
  Widerstand
    Reibscheiben
Ruhend / bewegt, Keil
  Spaltdruck
    Keilspalt
Ruhend / bewegt, senkrecht
  Impulsabgabe
    Rührer
  Widerstand
    Kneter

4.1.6.1 Kennzeichnende Beanspruchungen mechanischer Wirkkörper
Zug / Druck
Biegung
Knickung
Schub

4.1.6.2 Kennzeichnende Merkmale von Wirkflächen (Beispiele)
Geometrie
  Makrogeometrie
    Abmessungen
    Kerben
    Toleranzen
  Mikrogeometrie
    Rauhigkeit
Material
  Werkstoffeigenschaften
    mechanisch
      Festigkeit
      Elastizität
      Härte
    Gleiteigenschaften
      Reibungskoeffizient
      Eigenspannungen
    Grenzflächengefüge
      hineindiffundierte Stoffe
      Überzüge
    hydraulisch
      Wandrauhigkeit
    elektrisch
      ohmscher Widerstand
    thermisch
      Wärmeleitfähigkeit
    optisch
      Reflexionsvermögen
Veränderungen durch entsprechende Beanspruchungen
  mechanisch
    Verschleiß
    Fressen
    Reibrost
  hydraulisch
    Kavitation
  elektrisch
    galvanische Korrosion
  chemisch
    Korrosion
  thermisch
    Verformung

4.2
Festlegen der Wirkbewegung

Übersicht

Ausgangspunkt des Arbeitsschrittes: Die zu verwirklichenden physikalischen Effekte und Systeme und die zu ihrer Erzwingung erforderlichen Wirkflächen. Gefordertes Ergebnis des Arbeitsschrittes: Festlegung der Wirkbewegung der Wirkflächen.

Vorgehensweise

4.2.1 Welche Anforderungen werden an die Wirkbewegung gestellt?
Hilfsmittel:
4.2.1.1 Merkmale der Bewegung eines Körpers
4.2.1.2 Getriebe für bestimmte Anwendungen
4.2.2 Lassen sich diese Anforderungen durch einfache Grundbewegungen erfüllen?
Hilfsmittel:
4.2.2.1 Maschinen mit einfachen Grundbewegungen
4.2.3 Wenn sich die Anforderungen durch einfache Grundbewegungen erfüllen lassen, welche Antriebselemente kommen dann hierfür in Frage?
Welche Antriebselemente sind hinsichtlich Leistung, Qualität und Kosten am besten geeignet?
Hilfsmittel:
4.2.3.1 Herstellkosten verschiedener Antriebsarten
4.2.3.2 Eigenschaften und Einsatzgrenzen gleichförmig übersetzender Getriebe
4.2.4 Wenn einfache Grundbewegungen nicht ausreichen, welche Forderungen sind dann wesentlich für die Ermittlung der komplizierteren Bewegungen und des entsprechenden Getriebes?
4.2.5 Welche Art von Getriebe ergibt sich aus diesen Anforderungen?
Hilfsmittel:
4.2.5.1 Hinweise zum Vergleich von Kurvengetrieben und Gelenkgetrieben (Kurbelgetrieben)
4.2.6 Wie muß das Getriebe ausgelegt werden, damit es den Anforderungen am besten entspricht?
4.2.7 Kontrollfragen: Ist damit eine Wirkbewegung festgelegt, die den geforderten physikalischen Wirkzusammenhang zuverlässig und mit geringstem Aufwand erzwingt?
Wurde eine Übersicht über die nächstkomplizierteren, möglichen Wirkbewegungen gegeben?

Hilfsmittel

4.2.1.1 Merkmale der Bewegung eines Körpers
Geometrische Merkmale
  Form der Bewegung
    z.B. Drehbewegung
  Bahnform
    eben / räumlich
  Bahnabmessungen
    groß / klein / Mikrobewegung
Zeitliche Merkmale
  Art des Bewegungsablaufes
    unterbrochen (rastend)
  Dauer
    kurzzeitig / dauernd
  Geschwindigkeit
    langsam / schnell
  Gleichförmigkeit
    gleichförmig / ungleichförmig
  Periodizität
    periodisch / aperiodisch
Merkmale der Verwirklichung der Bewegung
  Herkunft der bewegenden Kraft
    Wandler, Speicher
Übertragung der Bewegung auf zu bewegende Körper
  Formschluß
  Kraftschluß
  Stoffschluß
Zu überwindende Widerstände
  Arbeitswiderstand
  Reibungswiderstand
  Trägheitswiderstand

4.2.1.2 Getriebe für bestimmte Anwendungen
Übersetzungsgetriebe
  Stufengetriebe
  stufenlose Getriebe
Kraftgetriebe
Bahngetriebe
Zeitgetriebe

4.2.2.1 Maschinen mit einfachen Grundbewegungen
Fließbewegung
  Transportketten
  Filmgießmaschine
  Waschbad
  Trockner
  Schleifbänder
  Kettensägen
  Einwickelmaschinen
Fließbewegung, absatzweise
  galvanische Bäder
  Transferstraßen
Verschiebebewegung
  Hobelmaschine
  Buchdruckmaschine
  Sägetische
  Schneiden
  Pressen
  Hämmer
Drehbewegung
  Trommel
    Trockner
    Karde
    Filmgießmaschine
    Ziehmaschine
    Kalander
    Druckwerke
    Spill
  Scheibe
    Drehmaschine
    Indexautomat
    Federautomat
    Stanzautomat
  Tisch
    Einwickelmaschine
    Werkzeugmaschinen
    Briefverteilanlage
    Kofferverteilanlage
    Transfertisch
  Hohltrommel
    Mischer
    Kneter

4.2.3.1 Herstellkosten verschiedener Antriebsarten [85]

Nr.	Antriebsart (Leistungen von etwa 1...1.000 kW, Grunddrehzahl n = 1.500 U/min)	relative Kosten
1	Drehstrom-Asynchron-Motor mit Käfigläufer (DAMK) in Schutzart P 33, mit Stern-Dreieck-Anlasser und Motorschutzschalter	1
2	DAMK für Aussetzbetrieb (40%), sonst wie 1	0,8–0,9
3	DAMK mit Dahlanderschaltung (Polumschaltung) sonst wie 1	1,3–1,7
4	DAMK mit halber Drehzahl, sonst wie 1	1,8–2,3
5	DAMK mit Getriebe (Übersetzung 1:10), sonst wie 1 (nur bis etwa 22 kW)	1,8–3,8
6	DAMK, Bremsmotor, sonst wie 1 (nur bis etwa 15 kW)	1,4–3,3
7	DAMK in Schutzart P 22, sonst wie 1	0,65–0,85
8	Drehstrom-Asynchron-Motor mit Schleifringläufer (DAMS), Schutzart P 33 mit Läuferanlasser sowie Schalt- und Schutzeinrichtungen	2,3–3,0
9	DAMS in Schutzart P 22, sonst wie 8	1,5–2,0
10	DAMS mit Drehzahlregelung über untersynchrone Stromrichterkaskade, sonst wie 8 (etwa ab 50 kW)	5–7
11	DAMK mit Drehzahlregelung über Frequenzumrichter für Vier-Quadranten-Betrieb mit allen Schalt- und Schutzeinrichtungen (etwa ab 10 kW)	15–20
12	Gleichstrom-Nebenschluß-Motor (GNM) in Schutzart P 22 mit Anlasser und Feldsteller sowie Schalt- und Schutzeinrichtungen	1,8–4
13	GNM mit Steueranlasser für Drehzahlbereich 1:10, sonst wie 12	2,5–5
14	GNM mit Leonardumformer, einschließlich Regel-, Erreger-, Schalt- und Schutzeinrichtungen	4–8
15	GNM einschließlich Stromrichter für vollen Drehzahlstellbereich mit Drehzahlregelung, sonst wie 12	3,5–8
16	GNM wie 15, jedoch mit mechanischer Ankerumschaltung für Bremsung und Drehrichtungsumkehr	4,5–10
17	GNM mit Ankerstromrichter und Feldumschaltung durch Stromrichter für Bremsung und Drehrichtungsumkehr, sonst wie 15 (etwa ab 50 kW)	5–12
18	GNM mit 2 Ankerstromrichtern in Umkehrschaltung, sonst wie 14 (etwa ab 5 kW)	10–15

4.2.3.2 Eigenschaften und Einsatzgrenzen gleichförmig übersetzender Getriebe [85]

Getriebeart	Übersetzung maximal	Leistung maximal kW	Preis relativ
Stirnradgetriebe Geradzahn	10–20	4.000–25.000	100%
Schrägzahn	10–20	4.000–25.000	100%
Kegelrädergetriebe Geradzahn	5	600	über 100%
Schrägzahn	5–15	600	über 100%
Schraubenrädergetriebe	5	10	100%
Schneckengetriebe	60–100	200–1.000	über 100%
Reibrädergetriebe	6–10	25–200	50%
Flachriemengetriebe	5–10	400–2.200	65%
Keilriementriebe	8–15	300–1.500	65%
Seiltriebe	4,5	100	60%
Kettentriebe	6–14	900–5.000	85%

4.2.5.1 Hinweise zum Vergleich von Kurvengetrieben und Gelenkgetrieben (Kurbelgetrieben)

Kräfte	Linienberührung bei Kurvengetrieben, (angenäherte) Flächenberührung bei Gelenkgetrieben möglich, die deshalb bei geeigneter Dimensionierung größere Kräfte übertragen können
Drehzahlen	Kurvengetriebe ist schwingungsfähig, deshalb nicht so hohe Drehzahlen zulässig, wie bei Gelenkgetrieben
Genauigkeit	Entwurf von Kurvengetrieben mit beliebiger Genauigkeit möglich. Entwurf von Gelenkgetrieben meist nur angenähert, jedoch noch oft in Grenzen der Fertigungstoleranzen
Einstellbarkeit	Praktisch nur bei Gelenkgetrieben möglich
Entwurf	Entwurf von Gelenkgetrieben aufwendiger
Fertigung	Fertigung von Kurvengetrieben aufwendiger

Literatur

[1] Abeln, O.: Die CA...-Techniken in der industriellen Praxis. München usw.: Hanser 1990
[2] Andreasen, M., H. Stahl und E. Tjalve: Konstruktions-Processens Faser. Lyngby: TH-AMT 1972
[3] Andreasen, M.: Maskin-Systemer. Lyngby: TH-AMT 1972
[4] Andreasen, M. und H. Stahl: Modeller i Maskinteknisk Konstruktion. Lyngby: TH-AMT 1972
[5] Andreasen, M. und E. Tjalve: Form-Synthese. Lyngby: TH-AMT 1972
[6] Asimow, M.: Introduction to Design. Englewood Cliffs: Prentice Hall 5. Auflage (ca. 1970)
[7] AWF: Getriebe und Getriebemodelle. Berlin: Beuth / Springer 1928
[8] B. (Behret?), E.: Eines Erfinders Lehr- und Wanderjahre. Oldenburg: Industria oJ (ca. 1910)
[9] Barber, Th. W.: The Engineers Sketch-Book. London usw.: Spon 1923
[10] Bauernfeind, R.: Konstruieren. Brandenburg: Selbstverlag 1947
[11] Beinhoff, W.: Konstruktionsaufgaben für den Maschinenbau. Berlin usw.: Springer 1950
[12] Beyer, R.: Technische Kinematik. Leipzig: Barth 1931
[13] Beyer, R.: Kinematische Getriebesynthese. Berlin usw.: Springer 1953
[14] Bjärnemo, R.: Formaliserade Konstruktionsarbetssätt. Lund: TH 1983
[15] Brandenberger, H.: Toleranzen, Passung und Konstruktion. Zürich: Schweizer Druck- und Verlagshaus oJ (1946)
[16] Brandenberger, H.: Fertigungsgerechtes Konstruieren. Zürich: Schweizer Druck- und Verlagshaus oJ
[17] Brandenberger, H.: Kinematische Getriebemodelle. Zürich: Schweizer Druck- und Verlagshaus 1955
[18] Burmester, L.: Lehrbuch der Kinematik. Textband und Atlasband. Leipzig: Felix 1888.
[19] Bumke, O.: Gedanken über die Seele. Berlin usw.: Springer 4. Auflage 1948
[20] Chilian, G.: Die Variationsmethode im konstruktiven Entwicklungsprozeß und die Rechnerunterstützung bei der Variation technischer Prinziplösungen. Dissertation TH Ilmenau 1987
[21] Claussen, U.: Konstruieren mit Rechnern. Berlin usw.: Springer 1971
[22] Claussen, U.: Methodisches Auslegen – Rechnergestütztes Konstruieren. München: Hanser 1973
[23] Derhake, T.: Methodik für das rechnerunterstützte Erstellen und Anwenden flexibler Konstruktionskataloge. Dissertation TU Braunschweig 1990
[24] Dizioglu, B.: Getriebelehre. 3 Bände. Braunschweig: Vieweg 1965ff
[25] Dyck, W.: Katalog mathematischer und mathematisch-physikalischer Modelle, Apparate und Instrumente. München: Wolf 1892
[26] Ehrlenspiel, K.: Integrierte Produktentwicklung. München usw.: Hanser 1995
[27] Esselborn, N. (Hrsg.): Lehrbuch des Maschinenbaus. 2 Bände. Leipzig: Engelmann 2.–4. Auflage 1926ff

[28] Ewald, O.: Lösungssammlungen als Hilfsmittel für das methodische Konstruieren. Düsseldorf: VDI 1975
[29] Franke, R.: Vom Aufbau der Getriebe. Band 1: Die Entwicklungslehre der Getriebe. Düsseldorf: VDI 3. Auflage 1958
[30] Franke, R.: Vom Aufbau der Getriebe. Band 2: Die Baulehre der Getriebe. Düsseldorf: VDI 1951
[31] French, M. J.: Engineering Design: The Conceptual Stage. London: Heinemann 1971
[32] French, Th. E.: Engineering Drawing. New York usw.: Mc Graw-Hill 1941
[33] Georg, R.: Der Maschinenbau. 2 Bände Text und 1 Modellatlas. Leipzig: Arnd Neue vermehrte Auflage 1912
[34] Glegg, G. L.: The Design of Design. Cambridge: University Press 1969
[35] Goethe, J.W.v.: Goethes Werke. Weimar: Böhlau 1887ff
[36] Goethe, J.W.v.: Goethes morphologische Werke. Jena: Diederichs oJ
[37] Grashof, F.: Theoretische Maschinenlehre in 4 (tatsächlich 3) Bänden. Hamburg usw: Leopold Voss 1872ff
[38] Grove, O.: Konstruktionslehre der einfachen Maschinenteile. Leipzig: Hirzel 1906
[39] Grübler, M.: Getriebelehre. Berlin: Springer 2. Auflage 1917
[40] Haeder, H.: Konstruieren und Rechnen. 3 Bände. Braunschweig usw.: Schmidt 21./22. Auflage 1964ff
[41] Haentzschel-Clairmont, W.: Die Praxis des modernen Maschinenbaues. 2 Bände und 1 Modell-Atlas. Berlin: Weller 16. Auflage 1925
[42] Hain, K.: Getriebelehre. München: Hanser 1963
[43] Hain, K.: Atlas für Getriebekonstruktionen. Textteil und Tafelteil. Braunschweig: Vieweg 1972
[44] Hain, K.: Angewandte Getriebelehre. Düsseldorf: VDI 2. Auflage 1961
[45] Hanfland, C.: Der neuzeitliche Maschinenbau. Band 1. Leipzig: Minerva 1927.
[46] Hansen, F.: Konstruktionssystematik. Berlin: VEB Technik 2. Auflage oJ (ca. 1970)
[47] Hubka, V. und W. E. Eder: Einführung in die Konstruktionswissenschaft. Berlin usw.: Springer 1992
[48] Jahr, W. und P. Knechtel: Grundzüge der Getriebelehre. 2 Bände. Leipzig: Jäneke 1930
[49] Kellner, W.: Engpass Konstruktion. Frechen usw.: Bartmann 1966
[50] Kesselring, F.: Selektivschutz. Berlin: Springer 1930
[51] Kesselring, F.: Theoretische Grundlagen zur Berechnung der Schaltgeräte. Berlin: de Gruyter 1943
[52] Kesselring, F.: Die starke Konstruktion. Z VDI 81 (1937) S. 365–371
[53] Kesselring, F.: Bewertung von Konstruktionen. Düsseldorf: VDI oJ (1951)
[54] Kesselring, F.: Technische Kompositionslehre. Berlin usw.: Springer 1954
[55] Kesselring, F.: Morphologisch-analytische Konstruktionsmethode. Z VDI 97 (1955) S. 327–331
[56] Kiper, G.: Katalog einfachster Getriebebauformen. Berlin usw.: Springer 1982
[57] Koestler, A.: Der göttliche Funke. Bern usw.: Scherz 1966
[58] Koller, R.: Konstruktionsmethode für den Maschinen- Geräte und Apparatebau. Berlin usw.: Springer 1976
[59] Koller, R.: Konstruktionslehre für den Maschinenbau. Berlin usw.: Springer 3. Auflage 1994
[60] Kraus, R.: Grundlagen des systematischen Getriebeaufbaus. Berlin VEB Technik 1952
[61] Kraus, R.: Getriebelehre. 3 Bände. Berlin: VEB Technik 1954ff
[62] Krumme, W.: Konstruktionserfahrungen aus dem Maschinen- und Gerätebau. München: Hanser 1947
[63] Kuhlenkamp, A.: Konstruktionslehre der Feinwerktechnik. München: Hanser 1971

[64] Kummer, W.: Das physikalische Verhalten der Maschinen im Betrieb. Aarau: Sauerländer 1937
[65] Leinweber, P.: Passung und Gestaltung. Berlin: Springer 1942
[66] Leinweber, P.: Toleranzen und Lehren. Berlin: Springer 1943
[67] Leuchs, J.C.: Allgemeines Erfindungs-Lexikon oder abc'sche Angabe der Erfindungen, Entdeckungen, Gewohnheiten, Verirrungen und Fortschritte, vom Anfange der Welt bis auf unsere Zeiten. Nürnberg: Leuchs & Co. 2. Wolfeile Ausgabe in einem Band oJ (1847)
[68] Leyer, A.: Maschinenkonstruktionslehre. Heft 1 bis 7. Basel: Birkhäuser 1963ff
[69] Linnaeus (Linné), C.v.: Systema naturae. 3 Bände. Weinheim: Cramer reprint 1963 ff
[70] Ludwig, O.: Handbuch des Maschinenbaus. Nordhausen: Killinger 1938
[71] Matousek, R.: Konstruktionslehre des allgemeinen Maschinenbaus. Berlin usw.: Springer 1957
[72] Mendelejev, D.I.: Das periodische Gesetz. (= Ostwalds Klassiker der exakten Naturwissenschaften Nr. 68). Leipzig: Akademische Verlagsgesellschaft 1959.
[73] Müller, J.: Möglichkeiten und Ergebnisse der analytischen Darstellung konstruktiver Entwurfsprozesse im aktivitäts- und ereignisorientierten Graph. Konstruktion 41 (1989) S. 25–34
[74] Müller, J.: Operationen und Verfahren des problemlösenden Denkens in der konstruktiven technischen Entwicklungsarbeit – eine methodologische Studie. Wiss. Z. TH Karl-Marx-Stadt 9 (1967) S. 5–51
[75] Pahl, G. und W. Beitz: Für die Konstruktionspraxis. Aufsatzreihe in der Zeitschrift Konstruktion 24 (1972) ff
[76] Pahl, G. und W. Beitz: Konstruktionslehre. Berlin usw.: Springer 3. Auflage 1993
[77] Pohl, R.: Einführung in die Physik. 3 Bände Berlin usw.: Springer 1930ff
[78] Rauh, K.: Praktische Getriebelehre. 2 Bände. Berlin: Springer 1931ff
[79] Rauh, K. und L. Hagedorn: Praktische Getriebelehre. Band 1. Berlin usw.: Springer 3. Auflage 1965
[80] Rauh, K.: Aufbaulehre der Verarbeitungsmaschinen. Textband und Bildband. Essen: Girardet 1950
[81] Rauschenbach, Th.: Kostenoptimierung konstruktiver Lösungen. Düsseldorf: VDI 1978
[82] Redtenbacher, F.: Resultate für den Maschinenbau. 1 Band Text, 1 Band Figurentafeln. Mannheim: Bassermann 1848
[83] Redtenbacher, F.: Prinzipien der Mechanik und des Maschinenbaus. Mannheim: Bassermann 1852
[84] Redtenbacher, F.: Der Maschinenbau. 3 Bände. Mannheim: Bassermann 1862 ff
[85] Reitor, G. u. K. Hohmann: Konstruieren von Getrieben. Essen: Girardet 1970
[86] Reuleaux, F.: Fortsetzung der Vorträge über Kinematik. Berlin: Golisch 1870
[87] Reuleaux, F.: Der Konstrukteur. Ein Handbuch zum Gebrauch beim Maschinen-Entwerfen. Braunschweig: Vieweg 4. Auflage 1882–1889
[88] Reuleaux, F.: Theoretische Kinematik. (= Lehrbuch der Kinematik Band 1) Braunschweig: Vieweg 1875
[89] Reuleaux, F.: Lehrbuch der Kinematik. Band 2. Braunschweig: Vieweg 1900
[90] Reuleaux, F.: The Kinematics of Machinery. London: Macmillan 1876
[91] Reuleaux, F.: Cinématique. Paris: Masson 1877
[92] Rochlitz, F.: Anecdotes sur W.G.(W.A.) Mozart. Paris: Cramer 1801
[93] Rodenacker, W.: Anwendung der vergleichenden Getriebelehre nach Franke auf hydraulische Messapparate und Arbeitsmaschinen (Selbststeuernde Unterbrecher). (= Diss. TH Berlin 1936) Würzburg: Triltsch 1936

[94] Rodenacker, W.: Mehr Phantasie beim Konstruieren. Zeitschrift Aufgaben und Ziele 29, 11. Okt. 1951 S. 8
[95] Rodenacker, W.: Konstruieren von den Stoffeigenschaften aus. Z VDI 100 (1958) S. 1605–1613
[96] Rodenacker, W.: Konstruieren von wirtschaftlichen Apparaten und Maschinen. Chemische Industrie 11 (1959) S. 305–309
[97] Rodenacker, W.: Physikalisch orientierte Konstruktionsweise. Konstruktion 18 (1966) S. 263–269
[98] Rodenacker, W.: Konstruieren – Kunst oder Wissenschaft. technica 21 (1967) S. 2055–2060
[99] Rodenacker, W.: Konstruieren ohne Vorbilder. Maschinenmarkt 73 (1967) Nr. 79 und 101
[100] Rodenacker, W.: Wege zur Konstruktionsmethodik. Konstruktion 20 (1968) S. 381–385
[101] Rodenacker, W. : Tagungshandbuch Systematisches Konstruieren. Linz: Wifi 1968
[102] Rodenacker, W.: Maschinenbau als Wissenschaft. Z VDI 112 (1970) S. 1929–1932
[103] Rodenacker, W.: Methodisches Konstruieren. Seminarhandbuch. München: Selbstverlag 1970
[104] Rodenacker, W.: Methodisches Konstruieren. Berlin usw.: Springer 1970
[105] Rodenacker, W. und U. Claussen: Methodisches Konstruieren, Regeln und Beispiele. Aufsatzreihe in den Zeitschriften antriebstechnik, ölhydraulik und pneumatik, fördern und heben, kunststofftechnik, verfahrenstechnik 1972 ff
[106] Rodenacker, W.: Wissenschaftstheoretische Überlegungen zur Konstruktionsmethodik. feinwerktechnik und micronic 77 (1973) S. 1–7
[107] Rodenacker, W. und U. Claussen: Regeln des Methodischen Konstruierens. Mainz: Krausskopf Teil 1 1973, Teil 2 1975
[108] Rogowski, W.: Arbeiten aus dem Elektrotechnischen Institut der TH Aachen. Berlin: Springer 1926ff
[109] Roth, K.: Konstruieren mit Konstruktionskatalogen. 2 Bände. Berlin usw.: Springer 2. Auflage 1994ff
[110] Steinbuch, K. (Hrsg): Taschenbuch der Nachrichtenverarbeitung. Berlin usw.: Springer 2. Auflage 1962
[111] Schlottmann, D.: Konstruktionslehre, Grundlagen. Wien usw.: Springer. Erweiterter Nachdruck der 2. Auflage 1982
[112] Schmidt, H.: Konstruktionsausbildung an Fachhochschulen. Erlangen: Siemens 1981
[113] Sieker, K.-H. und K. Rabe: Fertigungs- und stoffgerechtes Gestalten in der Feinwerktechnik. Berlin usw.: Springer 2. Auflage 1968
[114] Steinwachs, H.: Praktische Konstruktionsmethode. Würzburg: Vogel 1976
[115] Steinwachs, H. und B. Krieter: Praktische Konstruktionsmethode – programmiert. Würzburg: Vogel 1979
[116] Steuer, K. und A. Süß: Theorie des Konstruierens in der Ingenieurausbildung. Leipzig: VEB Fachbuchverlag oJ (1968)
[117] Süß, A. u.a.: Konstruktionsbeispiele. Leipzig: VEB Fachbuchverlag oJ (1970)
[118] Tschochner, H.: Toleranzen. Füssen: Winter 1952
[119] Tschochner, H.: Konstruieren und Gestalten. Essen: Girardet oJ (1954)
[120] VDI: Systematische Produktplanung – ein Mittel zur Unternehmenssicherung. (= VDI T 76). Düsseldorf: VDI 1976
[121] VDI-Berichte 45: Drehkolben- und Kreiskolbenmaschinen als Verbrennungsmotoren. Düsseldorf: VDI 1960
[122] VDI-Berichte 229: Produktinnovation – Herausforderung und Aufgabe. Kongreßbericht Düsseldorf 1976

[123] VDI-Berichte 457: Konstrukteure senken Herstellkosten – Methoden und Hilfen. Bericht Tagung Frankfurt/M. 1982
[124] VDI: Richtlinie VDI 2210–2217: Datenverarbeitung in der Konstruktion.
[125] VDI: Richtlinie VDI 2222 Blatt 1: Konstruktionsmethodik; Methodisches Entwickeln von Lösungsprinzipien.
[126] VDI: Richtlinie VDI 2222 Blatt 2: Konstruktionsmethodik; Erstellung und Anwendung von Konstruktionskatalogen.
[127] VDI: Richtlinie VDI 2224: Formgebung technischer Erzeugnisse.
[128] VDI: Richtlinie VDI 2225: Konstruktionsmethodik; Technisch-wirtschaftliches Konstruieren.
[129] VDI: Richtlinie VDI 2727: Konstruktionskataloge; Lösung von Bewegungsaufgaben mit Getrieben.
[130] Volk, C.: Der konstruktive Fortschritt. Berlin: Springer 1941
[131] Volk, C.: Das Maschinenzeichnen des Konstrukteurs. Berlin: Springer 8. Auflage 1945.
[132] Volk, C.: Die maschinentechnischen Bauformen und das Skizzieren in Perspektive. Berlin usw.: Springer 9. Auflage 1949
[133] Weisbach, J.: Lehrbuch der Ingenieur- und Maschinen-Mechanik. 3 Teile. Braunschweig: Vieweg 1845ff
[134] Weisbach, J.: Der Ingenieur. Sammlung von Tafeln, Formeln und Regeln. Braunschweig: Vieweg 2. Auflage 1850
[135] Widmaier, A.: Atlas für Getriebe- und Konstruktionslehre. Stuttgart: Wittwer oJ (1954)
[136] Wiedmer, H.: Handbuch des Erfindungswesens. Zürich usw.: Kulturkreis 1932
[137] Wislicenus, G.: Form Design in Engineering. Pennsylvania State University 1967
[138] Wögerbauer, H.: Die Technik des Konstruierens. München usw.: Oldenbourg 1. Auflage 1942, 2. Auflage 1943
[139] Wögerbauer, H.: Der Konstrukteur in der rationalisierten Industrie. Z. Öst. Ing. Arch.Ver. 89 (1937) S. 149f
[140] Wögerbauer, H.: Zum Verständnis der konstruktiven Tätigkeit in der Elektrotechnik. ETZ 60 (1939) S. 1163f
[141] Wögerbauer, H.: Wissenschaftliche Lehre – der einzige Weg zur Kompensation des Begabungsschwundes. Feinwerktechnik (1949) S. 31–34
[142] Zwicky, F.: Entdecken, Erfinden, Forschen im morphologischen Weltbild. München usw.: Droemer 1966

Sachverzeichnis

Anpassung an den Verbrauch 134
Antrieb, Antriebsarten 158, 175, 185
Arbeitsleistung 137
Arbeitsschritt 2, 33
– Forderung 159ff
– Funktion 37, 157, 163ff
– Konstruktion 45, 158, 179
– Physik 41, 157, 169ff
Askania-Stromwaage 128
Ausbeute 141
Auswahlkriterien 158f
– Menge 158, 161
– Qualität 158, 161
– Kosten 158, 161
Automatik 39

Beanspruchung 182
Betriebsverhalten 138
Bewegung, Bewegungsart 20, 24, 132f, 137, 157, 183f
– Drehbewegung 89
– Fließbewegung 89
– Grundbewegungen 48, 183f
– Wechselbewegung, Schwingbewegung 89
– Wirkbewegung 183f
Bistabile Zustände 173
Black Box, Schwarzer Kasten 37, 157, 159, 163

Druck, Druckerzeugung 69

Eigenschaftsänderung 38, 157, 159f, 173

Energie, Energieumsatz 20, 38, 48, 52, 58, 132, 157, 163f, 169, 172f
Experiment 177

Fallbügelregler 129
Fehlerstatistik 141
Fernschreibmaschine 127
Freiheitsgrad 9, 11, 16, 24
Freilauf 112
Funktion 37, 57, 154
– Doppelfunktion 109
Funktionselemente, Grundfunktionen 38, 57, 163, 166f
Funktionsplan, Funktionsstruktur, Flußplan 163f, 166ff

Gelenk, Elementenpaar 8ff, 14, 17, 21
– Drehgelenk 8, 11
– Gleitgelenk 11
– Schubgelenk 8
– Sinngelenk 22
– Wälzgelenk 11
Getriebe 20, 24, 184f
– Gelenkgetriebe, Gelenkviereck 8, 30, 104, 186
– Kurvengetriebe 186
– Stammbaum der Getriebe 24ff
Getriebelehre 1, 16, 19
Getriebesystematik 8, 16
Grundmaschinen 139, 145, 154

Herstellungsverfahren, Fertigung 37, 53

Sachverzeichnis

IG-Pumpen für Gasmeßgeräte 130
Input 38, 42

Keilkette 57
Keilspalt-Effekt 48
Kennlinie 138
Kette 12f, 20, 23
Kinematik 157f
Kombination, Kombinationsmöglichkeiten 111, 116f, 157, 166
Konstruktion 37
– Gesamtkonstruktion 158
Konstruktionskatalog 3
Konstruktionslehre, Konstruktionsmethodik 1, 3, 8, 17
Kopplung 19, 21, 38, 72, 103, 153, 173, 180
– Bedingte Kopplung 107f
– Lenkerkopplung 22
– Gleitkopplung 22
– geschaltete (angetriebene) Kopplung 112
– Mehrfachkopplung 103, 108
– Trägheitskopplung 108
– Wälzkopplung 22
Kraft, Krafterzeugung 21, 65, 68, 89, 157, 164

Leitung, Lager, Führung 22, 71, 94, 153, 180
Leitungskreis, Schaltung 21, 24, 85, 167
– Brückenkreis 85
– Einfacher Kreis 85
– Verzweigter Kreis 85
– Ringleitungssystem 87
– Sammelschienensystem 87
– Speiseleitungssystem 87
Lösungssammlung 3

Manipulationen 135

Maschinenelemente 7, 12, 20, 153, 163, 166, 176
– Druckelemente 10, 20
– Starre Elemente 10, 20
– Zugelemente 10, 20
Mechanismus 11, 14
Merkmale einer Anfrage oder Bestellung 161
Messung, Meßgerät 77, 135, 141, 157, 159, 168, 174, 177
Morphologie, morphologische Methode 31, 55

Output 38, 42

Paarung s. Gelenk
Periodisches System 1, 55
Physikalische Effekte 37, 61, 65ff, 157, 169, 171f, 179
Physikalische Systeme 75, 79f, 82, 118, 121, 144, 154, 157, 170, 174ff
Prinziplösung 16
Produkte, Umsatzprodukte 159f, 164

Regler, Regelung 117, 120, 135, 158
Reibung 41, 62f, 66, 158
Relais von Kieback & Peter 126
Ruhelage, Gleichgewichtslage 75, 174
– Schwinglage 75, 174
– Kipplage 76, 123, 174
– Auflage, Schlaglage 75, 174

Schalter, Sperrung 19, 21, 88, 98
– Einfacher Schalter 88
– Gekoppelter (angetriebener) Schalter 114
– Mehrfachschalter 98f
– Schrittschaltwerk 28
– Steuerschalter 21
– Umschalter 88
– Wendeschalter 88

Schaltung s. Leitungskreis
Selbststeuerung 28, 39, 109, 115, 120, 123
Signal, Signalumsatz 38, 48, 52, 157, 163f, 173
Spannung, Spannungserzeugung 66, 69
Speicher 131
Sperrung, Trennung 19, 21, 72, 98, 101, 153, 173, 180
Sperrung s.a. Schalter
Stoff, Stoffumsatz 38, 48, 52, 157f, 163f, 173
Störgrößen 158

Streuung 158, 161

Variation, Variationsregeln 2, 20f, 27ff, 150, 164, 166, 181f
Verfahrenstechnik 52

Wachstumsgesetze 138
Wenn-Dann-Sätze 164f
Widerstand 70
Wirkfläche 45, 157f, 179, 181f
Wirkungsgrad 138, 141

Zeitverhalten 157, 175

Springer und Umwelt

Als internationaler wissenschaftlicher Verlag sind wir uns unserer besonderen Verpflichtung der Umwelt gegenüber bewußt und beziehen umweltorientierte Grundsätze in Unternehmensentscheidungen mit ein. Von unseren Geschäftspartnern (Druckereien, Papierfabriken, Verpackungsherstellern usw.) verlangen wir, daß sie sowohl beim Herstellungsprozess selbst als auch beim Einsatz der zur Verwendung kommenden Materialien ökologische Gesichtspunkte berücksichtigen.
Das für dieses Buch verwendete Papier ist aus chlorfrei bzw. chlorarm hergestelltem Zellstoff gefertigt und im pH-Wert neutral.

MIX
Papier aus verantwortungsvollen Quellen
Paper from responsible sources
FSC® C105338

If you have any concerns about our products,
you can contact us on
ProductSafety@springernature.com

In case Publisher is established outside the EU,
the EU authorized representative is:
**Springer Nature Customer Service Center GmbH
Europaplatz 3, 69115 Heidelberg, Germany**

Printed by Libri Plureos GmbH
in Hamburg, Germany